한국산업인력공단 새 출제기준에 따른!!

용 접
기능사
실기

대한민국 대표브랜드 / 국가자격 시험문제 전문출판 에듀크라운
국가자격시험문제 전문출판
www.educrown.co.kr

최고의 적중률!! 최고의 합격률!!
크라운출판사
국가자격시험문제 전문출판
http://www.crownbook.com

• • • •
저 자 소 개

김 명 선
대한민국 산업현장교수 재료분야

김 민 태
공주대학교 일반대학원
기계공학석사, 용접기능장

김 영 문
공주대학교 일반대학원
기계공학석사, 용접기능장

이 한 섭
국립 공주대학교 일반대학원
기계공학 박사, 용접기사

들어가는 말

용접은 제조 산업의 공정 중 중공업 분야, 자동차 공업 분야, 전자사업 분야, 플랜트 설비 산업 분야 등에 이르러 광범위하게 사용되고 있다. 이와 같이 용접이 모든 산업에 다양하게 활용되고 있는 것은 가공이나 조립공정에 비하여 생산성 및 기밀성, 재료의 절감과 이음 형상의 다양성과 같은 장점을 가지고 있기 때문이다. 하지만 잔류 응력이 발생될 수 있으며 재료의 변병과 결함 등도 존재한다. 이러한 문제를 해결하기 위해서는 많은 연구가 필요하다. 따라서 산업의 발전과 더불어 용접기술의 향상과 고급 인력의 양성이 요구되고 있다.

오늘날 금속 구조물의 용접에는 CO_2, TIG 용접법을 중심으로 용접공정에 활용하고 있지만, 피복아크용접의 경우 풍속에 대한 용접 결함 발생이 적고 필드에서 사용하기에 간편하여 중요한 구조물을 용접하는데 아직까지 많이 활용되고 있다. 또한 용접기능사 실기 시험의 경우에는 피복아크용접만으로 맞대기 용접과 필릿 용접을 2시간 안에 완성해야 된다. 이때 필릿용접판을 절단하는 공정에 가스절단이 포함되어 있다.

최근 국가직무능력표준(National Competency Standards)
의 개발과 도입으로 현장교육에 적합한 NCS기반 교재가 요구됨에 따
라 피복아크용접 실기를 집필하였다.

NCS는 일정기간 마다 개정하고 있으며 산업현장 중심으로 구성되어 있다. 따
라서 과거와 같이 학교에서 배운 기술을 현장에 나아가 바로 적용하기 힘든 문제를 해
결해주며 자격제도 또한 이 체계를 적용하여 변화하고 있다.

이에 본 교재의 구성은 작업안전, 용접재료 준비, 장비준비, 가용접, 비드쌓기, 본용
접작업, 용접부 검사까지 NCS를 기반으로 집필하였으며, 용접기능사 실기 검정을 준비하
는 수험자들이 이해하기 쉽게 사진 및 삽화를 활용하였다.

용접기능사의 실기시험 공개문제는 큐넷(www.q-net.or.kr)의 공개문제 자료
실에 업로드 되어 있어 참고하면 된다.

직무 분야	재료	중직무 분야	금속재료	자격 종목	용접기능사	적용 기간	2021.01.01~2022.12.31

○ 직무내용 : 용접 도면을 해독하여 용접절차 사양서를 이해하고 용접재료를 준비하여 작업환경 확인, 안전보호구 준비, 용접장
치와 특성 이해, 용접기 설치 및 점검관리하기, 용접 준비 및 본용접하기, 용접부 검사 및 결함부 수정하기, 작업장
정리하기 등의 용접 시공 계획 수립 및 관련 직무를 수행

○ 수행준거 : 1. 도면 및 용접절차 사양서를 이해할 수 있다.
2. 용접재료를 준비하고 작업환경을 확인할 수 있다.
3. 안전보호구 준비 및 착용, 용접장치와 특성 등을 이해하여 용접기 설치 및 점검 관리를 할 수 있다.
4. 용접 준비 및 본용접을 한 후 용접부를 검사할 수 있다.
5. 작업장 정리 및 용접 기록부를 작성할 수 있다.

실기검정방법	작업형	시험시간	2시간 정도

실기과목명	주요항목	세부항목	세세항목
일반용접작업 실무	1. 피복아크용접 도면해독	1. 용접기호 확인하기	1. 용접자세를 지시하는 용접기본기호를 구별할 수 있다. 2. 용접이음, 그루브의 형상을 지시하는 용접 본기호를 구별할 수 있다. 3. 가공 상태를 지시하는 용접보조기호의 의미를 구별할 수 있다.
		2. 도면 파악하기	1. 제작도면을 해독하여 도면에 표기된 용접자세, 용접이음, 그루브의 형상 등을 파악할 수 있다. 2. 제작도면에 표기된 용접에 필요한 기본 요구사항 등을 파악할 수 있다. 3. 제작도면을 해독하여 용접구조물 형상을 파악할 수 있다.
		3. 용접절차 사양서 파악하기	1. 용접절차 사양서(용접도면, 작업지시서)에서 용접 일반에 관한 특정 사항 등을 파악할 수 있다. 2. 용접절차 사양서(용접도면, 작업지시서)에서 요구하는 이음의 형상을 파악할 수 있다. 3. 용접절차 사양서(용접도면, 작업지시서)에서 요구하는 용접방법에 대하여 파악할 수 있다. 4. 용접절차 사양서(용접도면, 작업지시서)에서 요구하는 용접조건을 파악할 수 있다. 5. 용접절차 사양서(용접도면, 작업지시서)에서 요구하는 용접 후처리 방법에 대하여 파악할 수 있다.
	2. 피복아크용접 재료 준비	1. 모재 준비하기	1. 용접구조물의 사용성능에 맞는 모재를 선택할 수 있다. 2. 요구하는 용접강도 및 모재 두께에 알맞은 그루브 형상을 가공할 수 있다. 3. 요구하는 이음형상으로 모재를 배치할 수 있다. 4. 작업에 사용할 모재를 청결하게 유지할 수 있다.
		2. 용접봉 준비하기	1. 용접절차 사양서(용접도면, 작업지시서)에 따라 모재의 화학성분, 기계적 성질에 적합한 용접봉을 선택할 수 있다. 2. 용접절차 사양서(용접도면, 작업지시서)에 따라 모재의 두께, 이음 형상에 적합한 용접봉을 선택할 수 있다. 3. 용접절차 사양서(용접도면, 작업지시서)에 따라 용접성, 작업성에 적합한 용접봉을 선택할 수 있다. 4. 용접봉 피복제 종류에 따른 적정 건조온도와 시간을 관리할 수 있다.
		3. 용접치공구 준비하기	1. 용접치공구의 특성을 알고 다룰 수 있다. 2. 용접포지셔너의 특성을 알고 적용할 수 있다. 3. 용접구조물 형태에 따른 치공구 특성을 알고 배치할 수 있다. 4. 용접변형에 따른 역변형과 고정력을 치공구에 반영할 수 있다.

실기과목명	주요항목	세부항목	세세항목
일반용접작업 실무	3. 피복아크용접 작업안전 보건관리	1. 용접작업장 주변정리 상태점검하기	1. 용접작업장 주변에 화재예방을 위해 인화물질을 점검하고 소화용 장비를 준비할 수 있다. 2. 용접작업 시 추락 방지와 낙하물에 의한 사고를 예방하기 위하여 작업장 주변을 점검할 수 있다. 3. 용접작업장 청결을 위해 주변을 깨끗이 정리정돈할 수 있다. 4. 용접작업장의 환기를 위해 환기시설을 확인하고 설치, 조작할 수 있다.
		2. 용접 안전보호구 점검하기	1. 안전을 위하여 안전보호구 선택 시 유의사항을 파악할 수 있다. 2. 안전수칙에 규정된 보호구 구비조건을 알고 사용할 수 있다. 3. 안전보호구의 특징을 알고 이를 선택 착용할 수 있다.
		3. 안전 점검하기	1. 용접 작업 전 전원장치 및 부속설비 등의 상태를 점검할 수 있다. 2. 용접 작업 전 용접기 전원스위치(on, off) 상태를 점검할 수 있다. 3. 용접 작업 전 용접기 접지상태를 점검할 수 있다. 4. 용접 작업 전 전격방지기의 작동 여부를 확인할 수 있다. 5. 용접 작업 전 용접케이블의 절연여부를 점검하고 보수할 수 있다.
	4. 수동·반자동 가스절단	1. 수동·반자동 절단기 조작 준비하기	1. 매뉴얼에 따라 절단기 이상 유무를 확인할 수 있다. 2. 제작사 작업안전절차에 따라 가스 및 전기 등 유틸리티 상태를 점검하고, 이상 유무를 확인할 수 있다. 3. 도면 확인 후, 절단 형상을 확인하고 용접가능성 및 방법에 있어 작업자가 어려움이 없는지 확인할 수 있다. 4. 절단 작업지시서에 따라 재질(연강) 및 두께(t6, t9)에 맞는 절단 공구를 선정할 수 있다.
		2. 수동·반자동 절단기 조작하기	1. 사용 매뉴얼을 숙지하여 절단기를 조작할 수 있다. 2. 작업 안전절차에 따라 절단작업을 수행할 수 있다. 3. 절단기 이상 발견 시, 제작사 절차에 따라 작업 수리를 의뢰할 수 있다. 4. 표준작업지도서에 의거 강판 두께에 따라 불꽃 세기를 조정하고, 육안으로 확인할 수 있다. 5. 표준작업지도서에 의거 강판 두께에 따라 예열시간, 절단속도를 확인·조정할 수 있다.
		3. 수동·반자동 가스절단 측정 및 검사하기	1. 절단기 부속품을 검사·측정하여 불량 시, 제작사 절차에 따라 교체·수리할 수 있다. 2. 결과물 절단부위에 대한 작업표준 준수여부를 검사할 수 있다. 3. 제작사 절차에 따른 절단부위 검사항목을 측정하여 기록할 수 있다.
		4. 수동·반자동 절단기 유지· 관리하기	1. 제작사 관리 기준에 의하여 일일점검, 정기점검 등을 수행할 수 있다. 2. 소모품 및 사용기한이 만료된 부속품을 교체할 수 있다. 3. 조작 및 동작상태 점검으로 이상 유무를 판단하여 적절한 조치를 취할 수 있다. 4. 사용매뉴얼을 숙지하여 분해, 조립 및 고장에 대하여 처리할 수 있다.
	5. 피복아크용접 장비준비	1. 용접장비 설치하기	1. 작업 전 용접기 설치장소의 이상 유무를 확인할 수 있다. 2. 용접기의 각부 명칭을 알고 조작할 수 있다. 3. 용접기의 부속장치를 조립할 수 있다. 4. 용접기에 전원 케이블과 접지 케이블을 연결할 수 있다. 5. 용접용 치공구를 정리정돈할 수 있다. 6. 용접절차 사양서(용접도면, 작업지시서)에 따라 용접재료(연강 t6, t9)에 맞는 적정 용접조건을 설정할 수 있다.
		2. 용접설비 점검하기	1. 아크를 발생시켜 용접기의 이상 유무를 확인할 수 있다. 2. 전격방지기의 용도를 알고 이상 유무를 확인할 수 있다. 3. 용접봉 건조기의 용도를 알고 이상 유무를 확인할 수 있다. 4. 환풍기의 용도를 알고 이상 유무를 확인할 수 있다. 5. 용접포지셔너의 용도를 알고 이상 유무를 확인할 수 있다. 6. 용접설비가 작업여건에 맞게 배치되었는지를 확인할 수 있다.

실기과목명	주요항목	세부항목	세세항목
일반용접작업 실무	5. 피복아크용접 장비준비	3. 환기장치 설치하기	1. 환풍기의 종류를 알고 작업여건에 따라 선택할 수 있다. 2. 작업환경에 따라 환기방향을 선택하고 환기량을 조절할 수 있다. 3. 작업장의 환기시설을 조작하고 이상 유무를 확인할 수 있다. 4. 이동용 환풍기를 설치할 때 이상 유무를 확인할 수 있다.
	6. 피복아크용접 가용접 작업	1. 용접부 가용접하기	1. 도면에 따라 용접구조물 조립을 위한 순서를 파악할 수 있다. 2. 도면에 따라 용접구조물의 이음 형상에 적합한 가용접 위치 및 길이를 파악할 수 있다. 3. 도면에 따라 용접구조물의 응력 집중부를 피하여 가용접 작업을 수행할 수 있다. 4. 도면에 따라 용접구조물이 변형되지 않도록 가용접 작업을 수행할 수 있다.
	7. 피복아크용접 본용접 작업	1. 용접조건 설정하기	1. 용접절차 사양서(용접도면, 작업지시서)에 따라 피복아크용접을 실시할 모재의 특성, 두께, 이음의 형상을 파악할 수 있다. 2. 용접절차 사양서(용접도면, 작업지시서)에 따라 용접전류를 설정할 수 있다. 3. 용접절차 사양서(용접도면, 작업지시서)에 따라 적합한 용접기의 작업기준을 설정할 수 있다. 4. 용접절차 사양서(용접도면, 작업지시서)에 따라 용접작업표준을 설정할 수 있다.
		2. 용접부 온도관리	1. 용접부 형상과 모재의 종류에 따른 예열 기구를 이해하고 적용할 수 있다. 2. 용접절차 사양서(용접도면, 작업지시서)에 규정된 예열 온도를 준수하여 용접부를 예열할 수 있다. 3. 다층용접인 경우에는 용접절차 사양서에 규정된 층간 온도를 준수하여 용접작업을 할 수 있다.
		3. 용접부 본용접하기	1. 용접절차 사양서(용접도면, 작업지시서)에 따라 용접기의 종류를 선정하고 용접조건을 설정할 수 있다. 2. 용접절차 사양서(용접도면, 작업지시서)에 따라 용접작업을 수행할 수 있다. 3. 용접절차 사양서(용접도면, 작업지시서)에 따라 용접 전후 처리를 할 수 있다. 4. 용접절차 사양서(용접도면, 작업지시서)에 따라 자세별 맞대기 용접(Butt Welding) 시, 용접시공 기준에 따라 용접부에 결함이 없도록 용접할 수 있다.
	8. 피복아크 용접부 검사	1. 용접 중 검사하기	1. 용접부의 변형 상태를 확인할 수 있다. 2. 용접부의 외관 결함여부를 확인할 수 있다. 3. 용접부 용착 상태를 확인할 수 있다.
		2. 용접 후 검사하기	1. 용접부 외관검사를 할 수 있다. 2. 용접부 잔류응력, 내부응력을 확인할 수 있다. 3. 용접부 비파괴 검사를 실시할 수 있다.
	9. 피복아크용접 작업 후 정리정돈	1. 전원차단하기	1. 용접기 본체의 전원스위치를 차단할 수 있다. 2. 용접설비 기기의 전원을 차단할 수 있다. 3. 배기환기시설의 전원을 차단할 수 있다. 4. 용접작업장에 공급되는 전체 전원을 차단할 수 있다.
		2. 용접작업장 정리정돈하기	1. 용접케이블을 안전하게 정리정돈할 수 있다. 2. 용접작업 시 사용한 전기기기를 안전하게 정리정돈할 수 있다. 3. 용접작업 후 잔여 재료를 구분하여 정리정돈할 수 있다. 4. 용접용 치공구를 정리정돈할 수 있다. 5. 용접작업 시 사용한 안전보호구를 종류별로 정리정돈할 수 있다. 6. 용접작업장의 작업안전을 위해서 항상 청결하게 정리정돈할 수 있다.
		3. 용접작업 후 안전점검하기	1. 용접작업 후 용접기 전원스위치(on, off) 상태를 점검할 수 있다. 2. 용접작업 후 용접케이블의 손상여부를 점검하고 보수할 수 있다. 3. 용접작업 후 화재의 위험요소 잔존여부를 확인할 수 있다. 4. 용접작업 후 안전점검을 시행하고 안전일지를 작성할 수 있다.

CONTENTS

제 1 장
피복아크용접 맞대기 용접

제 1 절 작업안전관리
제 2 절 재료준비
제 3 절 장비준비
제 4 절 비드 쌓기
제 5 절 가용접하기
제 6 절 맞대기 용접하기

제 2 장
가스절단 및 피복아크용접 필릿용접

제 1 절 가스절단하기
제 2 절 필릿용접하기

제 3 장
용접부 검사

제 1 절 용접부 검사

Part 1

제 1절 **작업안전관리**

제 2절 **재료준비**

제 3절 **장비준비**

제 4절 **비드 쌓기**

제 5절 **가용접하기**

제 6절 **맞대기 용접하기**

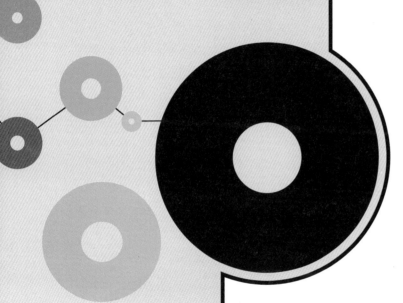

피복아크용접
맞대기 용접

제1절

작업안전관리

1 용접 안전보호구 준비하기

1 용접면 준비하기

피복아크용접실습에 필요한 용접면의 종류는 다음과 같다. [그림 1-1]은 수동 개폐 용접면의 본체 및 주요 구성품을 나타내고 있다. 특히, (d)의 용접 돋보기는 40대 후반부터 노안이 시작된 사람들이 근시로 인해 용융지를 정확히 볼 수 없을 경우 많이 사용되고 있다. 일반 돋보기 안경을 착용할 경우 용접하는 도중에 김서림 현상이 발생하는 불편함이 있을 수 있어 대안으로 용접면에 부착하여 사용하는 돋보기가 시중에서 많이 판매되어지고 있다. 용접부로부터 30cm 이내 거리에서 용융지가 선명하게 볼 수 있도록 자신에게 알맞은 도수를 선택하도록 한다. 주로 사용되는 도수는 1.75~2.00 수준이다. 용접돋보기는 수동면 또는 자동면에서도 모두 부착 사용 가능하다.

(a) 용접면(수동 개폐면)

(b) 차광유리(No.11)

(c) 맨유리   (d) 용접 돋보기

:그림 1-1: 수동 개폐 용접면 주요 구성품

① 수동 개폐면을 사용할 경우 차광유리의 차광도를 점검하도록 한다. 금속 아크용접의 경우 사용되는
전류의 값은 90~200A 수준이며 권장되는 차광도는 10~11 수준이다. 차광도가 10 이하일 경우 눈의
피로가 쉽게 올 수 있으며 장시간 사용은 하지 않도록 한다. 11 이상의 경우에는 차광도가 너무 높아
용접 중에 용접부위의 시야 확보가 어려워 정확한 운봉을 할 수가 없어 용접 품질이 저하될 수도 있
다. 자신이 사용하고 있는 차광유리의 차광도를 반드시 확인하도록 한다.

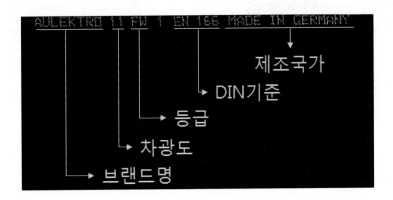

:그림 1-2: 차광유리 점검

012② [그림 1-3]은 자동차광 용접면의 종류를 나타내고 있다. 가용접을 할 경우 한손으로는 용접할 제품을 잡고 다른 한손으로는 용접 홀더를 잡는 경우가 많다. 자동면은 별도로 개폐면을 손으로 열고 닫는 불편함이 없고 자동으로 용접면 전면에 설치되어 있는 조도센서를 통하여 빛의 양에 따라 자동적으로 차광이 이루어진다. 현재 자동 용접면은 많은 대중화를 통해 저가형 제품도 많이 출시되고 있다.

(a) 자동차광 용접면 1

(b) 자동차광 용접면 2

(c) 자동차광 용접고글

(d) 수동면 부착용 자동차광 유리

:그림 1-3: 자동 차광 용접면의 종류

2 ▸ 보호의 준비하기

① 용접실습 중 신체에 대한 부상을 방지하기 위해 다음과 같은 보호의를 반드시 착용하도록 한다.

(a) 용접 장갑

(b) 용접 두건(청 재질)

(c) 용접 자켓

(d) 용접 바지

(e) 용접 앞치마

(f) 용접 팔덮개

(g) 용접 안전화

(h) 용접 발덮개

:그림 1-4: 맞대기용접용 실전 시험 모재

3 ⠿ 용접마스크 및 귀마개 준비하기

① 용접작업 중 발생되는 금속 흄가스, 분진, 금속가루 등이 호흡기를 통해 인체 내에 축적되지 않도록 용접실습 중에는 반드시 마스크를 착용하도록 한다. 방진마스크는 반드시 1급을 착용하도록 한다. 또한 절단 및 연마작업 시 가공실 등에서는 보호 안경 또는 귀마개를 반드시 착용하도록 한다.

(a) 용접 방독마스크

(b) 방진마스크 1급

(c) 헤드밴드형 귀마개

(d) 폼타인 귀마개

:그림 1-5: 용접 마스크 및 귀마개의 종류

재료 준비

1 모재 준비

1 용접 연습모재 준비하기

용접기능사 실기 실기시험에 출제되는 시험용 모재는 아래 그림과 같이 일반 구조용강 SS400 재질을 이용하며 시험편의 규격은 t6 × 100W(폭) × 150L(용접선 길이), t9 × 100W(폭) × 150L(용접선 길이)를 각각 사용하게 된다. 모재의 가공은 유압전단기 또는 레이저 절단법 등을 이용하여 절단을 진행한 후 밀링가공, 가스절단 또는 그라인더 가공을 통해 30~35° 개선가공을 하게 된다.

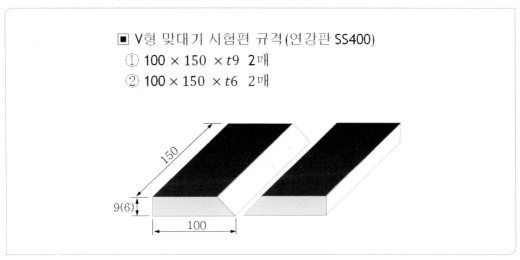

■ V형 맞대기 시험편 규격 (연강판 SS400)
① 100 × 150 × t9 2매
② 100 × 150 × t6 2매

:그림 2-1: 맞대기 용접 시험편 규격

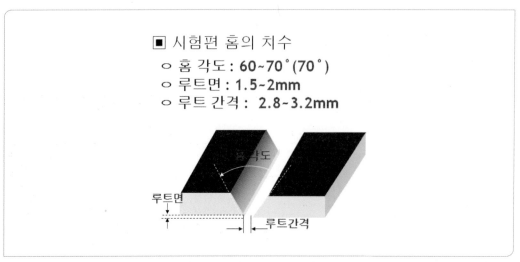

■ 시험편 홈의 치수
- ○ 홈 각도 : **60~70˚(70˚)**
- ○ 루트면 : **1.5~2mm**
- ○ 루트 간격 : **2.8~3.2mm**

:그림 2-2: 맞대기 용접 시험편 홈의 치수

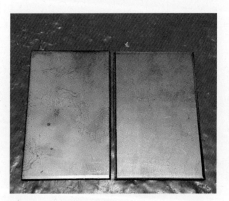

(a) t6 시험용 모재(SS400)

(b) t9 시험용 모재(SS400)

:그림 2-3: 맞대기 용접용 실전 시험 지급 모재

본 교재에서는 이러한 가공 준비에 들어가는 시간을 줄이고자 아래 그림과 같이 시중에서 판매되는 용접 연습모재를 준비하여 실습을 진행하였다. 연습모재로 충분한 기량을 만든 후에 실제 시험장에서 지급되는 동일한 규격의 시험편으로도 연습을 하고 국가자격 시험에 응시하는 것을 추천한다.

① 용접 연습모재는 두께에 따라 t6 × 30w × 150L / t9 × 30w × 150L 각각 5매를 준비한다.

(a) 용접 연습모재(압연시편)

(b) t6, t9 각각 4∼5매씩 준비

:그림 2-4: 연습모재 금긋기

② 용접선 150mm 중간 지점에 노치가공을 위해 석필 또는 금긋기 바늘 등을 이용하여 양 끝단으로부터 75mm 지점에 중심선을 마킹한다.

(a) 연습모재 중간 지점 마킹(75mm 지점)

(b) 치수 확인

:그림 2-5: 연습모재 중심선 마킹

③ 용접 연습모재의 개선면과 루트면은 불규칙하기 때문에 그라인더를 이용하여 개선면의 산화피막을 제거한 후에 루트면을 1.5~2.0mm로 가공한다. 연습시간을 최대한 효율적으로 사용하기 위해 전기 그라인더를 사용한다. 그러나 실제 시험장에서는 실수를 하지 않기 위해 줄을 이용하여 루트면 가공을 한다.

(a) 개선면 산화피막 제거

(b) 루트면 가공

:그림 2-6: 개선면 및 루트면 가공

2 가공 모재 검사하기

① 용접게이지를 이용하여 개선각도를 측정한다. 개선각도는 30~35° 범위 내로 한다.
② 강철자를 이용하여 루트면을 측정한다. 루트면은 1.5~2.0mm 범위 내로 한다.

(a) 개선각도 35°

(b) 루트면 1.5~2.0mm

:그림 2-7: 연습모재 가공 후 개선각도 및 루트면 측정

3 용접부 중간 지점에 노치 가공하기

① 줄을 약 45° 기울여서 용접부 중간 지점의 마킹선을 따라 노치 가공을 한다.

(a) 줄을 45° 기울여 노치가공

(b) 노치가공 확인

:그림 2-8: 줄작업을 통한 노치가공

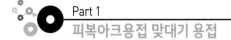
2 용접봉 준비

1 용접봉 준비하기

연강용 피복아크 용접봉은 KSD 7004에 규정되어 있다. 연강용 피복 아크 용접봉은 가장 많이 쓰이고 있으며, 용접기능사 실기시험에서는 사용되는 용접봉의 피복제 계통은 저수소계이며 규격은 E4316(E7016)으로 표기된다. KS(대한민국) 규격에서 저수소계 용접봉은 E4316으로 표시되며 AWS(미국) 규격에서는 E7016으로 표시하고 있다. 규격을 표기할 때 가장 첫 번째 'E'는 Electrode의 약어이며 용접봉을 의미한다. '43'은 43kgf/mm² 으로써 단위면적(mm²)당 최소 인장강도를 나타내며 마지막 'XX'는 피복제의 계통을 나타낸다.

일반 경량구조물, 일반배관 설비 등에서는 고산화티탄계 E4313(E6013) 계열의 용접봉을 많이 사용되며 용접 후 비드표면이 고우며 아크발생이 쉬워 작업성이 우수한 특징이 있다. 반면, 저수소계 용접봉 E4316(E7016)은 중요 부재의 고강도, 고압, 후판 등의 용접에 주로 사용되며 용접 입문자들의 경우 처음 사용 시 아크발생이 쉽지 않다는 단점이 있다. 초반에 익숙해지기 위한 많은 연습이 필요하다.

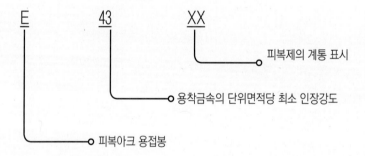

① 용접봉 제조사별 메이커에 따른 알맞은 규격을 확인한다. 국내에서 생산되는 대부분의 용접봉은 해외로 수출되기 때문에 용접봉은 KS가 아닌 AWS 규격에 맞춰 표기되는 경우가 대부분이다. 대부분 저수소계 용접봉은 20kg 단위로 판매되어지며 5kg 단위로도 구입 가능하다.

(a) 저수소계 용접봉(20kg)

(b) 저수소계 용접봉(5kg)

:그림 2-9: 용접봉 제조사별 규격 확인

② 아래 그림은 박스 표면에 표기된 해당 용접봉에 대한 세부사항을 나타내고 있으며 사용 전 꼭 확인한다.

:그림 2-10: 용접봉 규격 세부사항

③ 아래 그림 (a)와 같이 용접봉의 홀더 물림부 부근에는 해당 용접봉의 피복제 계통을 나타내는 식별번호를 확인할 수 있다. E7016이 맞는지 확인한다.

④ 저수소계 용접봉을 건조기에 넣고 300~350℃에서 1~2시간 동안 건조시킨다.

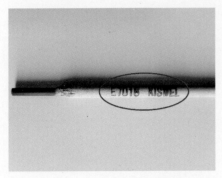

(a) E4316(E7016) 저수소계 용접봉

(b) 용접봉 건조

:그림 2-11: 용접봉 준비 및 건조

3 치공구 준비하기

1 치공구 준비하기

① 피복아크용접 실습에 필요한 치공구는 아래 그림과 같다.

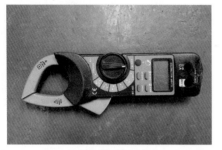

(a) 전류계(클램프 미터)

(b) 4인치 그라인더

(c) 강철자

(d) 자석

(e) 줄

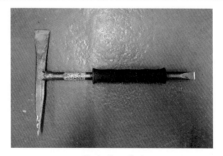

(f) 슬래그 해머

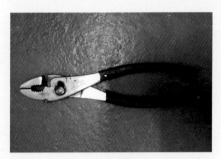

(g) 용접집게

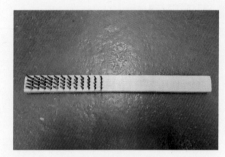

(h) 와이어 브러쉬

:그림 2-12: 용접 치공구의 종류

제3절
장비준비

1 용접장비 설치하기

1 피복아크 용접기의 종류 파악하기

피복아크 용접기는 전원의 특성에 따라 크게 두 가지로 나누어진다. 실무 현장에서 주로 사용되는 휴대용 인버터 직류 용접기(정류기형)와 교육용으로 많이 사용되는 교류 용접기로 분류된다. 용접기능사 실기 시험에서는 교류아크 용접기를 사용해서 시험 과제를 작업하게 된다. 직류 용접기의 경우 정극성과 역극성의 특성을 갖는 반면에 교류아크 용접기는 1초(60Hz)에 60번 양극(+)과 음극(−)이 서로 교번하므로 반은 정극성, 반은 역극성이며, 120번 아크 전압이 0이 되므로, 아크가 불안정하여 비피복 용접봉 사용이 어렵다.

(a) 직류 용접기(정류기형)

(b) 교류 용접기(가동철심형)

:그림 3-1: 피복아크 용접기의 전원 형태에 따른 분류

2 ⬡ **설치장소 확인하기**

① 습기나 먼지 등이 많은 장소는 설치를 피하고, 환기가 잘 되는 곳을 선택한다.

② 휘발성 기름이나 유해한 부식성 가스가 존재하는 장소를 피한다.

③ 벽에서 30cm 이상 떨어져 있고, 견고한 구조의 수평 바닥에 설치한다.

④ 진동이나 충격을 받는 곳, 폭발성 가스가 존재하는 곳을 피한다.

⑤ 비, 바람이 치는 장소, 주위 온도가 −10℃ 이하인 곳을 피한다(−10∼40℃ 유지되는 곳 적당).

⑥ 설치 장소에 먼지나 이물질, 가연성 물질, 가스 등이 있는 경우 완전히 격리시킨다.

3 ⬡ **교류아크 용접기 설치 및 조작하기**

① 가동 철심형 교류 아크 용접기, 1차 케이블, 2차 케이블(접지선, 홀더선), 홀더, 스패너, 드라이버 등 용접기 결선에 필요한 공구를 준비한다.

② 아크 발생에 필요한 핸드 실드나 헬멧, 용접 보호구, 연강판, 피복 금속 아크 용접봉(E4313, 고산화 티탄계), 기타 재료를 준비한다.

③ 배전반의 메인 스위치를 OFF하고 '수리 중'이라는 표지판을 부착한다.

④ 용접기 커버를 열고 내부의 먼지를 건조된 압축공기를 사용하여 깨끗이 제거한다.

⑤ 1차 케이블의 한쪽 끝에 압착 터미널을 고정한 후 용접기의 1차측 단자에 단단히 접속한 후 다른 한쪽은 벽 배전판의 배선용 차단기(NFB)에 연결한다.

⑥ 용접기 케이스는 반드시 접지시키고, 용접기의 노출된 부분은 절연 테이프로 감아 절연한다.

⑦ 2차 케이블 한쪽 끝에 압착 터미널(terminal)을 단단히 고정하여 용접기 출력 단자에 연결하고, 다른 한쪽에는 용접 홀더를 연결시킨다.

⑧ 접지 케이블의 한쪽 끝에 압착 터미널을 단단히 고정하여 용접기의 출력 단자에 연결하고, 다른 한쪽은 접지 클램프를 연결한 후 작업대에 물린다.

⑨ 각 접속부의 노출된 부분을 절연 테이프로 감아 절연한다.

⑩ 용접기 설치 상태, 이상 유무를 검사한다.

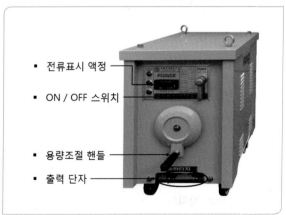

- 전류표시 액정
- ON / OFF 스위치
- 용량조절 핸들
- 출력 단자

∶그림 3-2∶ 피복아크 용접기의 각부 명칭

2 전격 방지기 설치하기

1 전격 방지기의 원리를 파악하기

교류 용접기는 무부하 전압이 70~80V 정도로 비교적 높아 감전의 위험이 있어 용접사를 보호하기 위하여 전격 방지 장치를 부착하여 사용한다. 전격 방지기는 용접 작업을 하지 않을 때에는 보조 변압기에 의해 용접기의 2차 무부하 전압을 20~30V 이하로 유지하고, 용접봉을 모재에 접촉한 순간에만 릴레이(relay)가 작동하여 용접 작업이 가능하도록 되어 있다. 아크의 단락과 동시에 자동적으로 릴레이가 차단되며, 2차 무부하 전압은 20~30V 이하로 되기 때문에 전격을 방지할 수 있으며 주로 용접기의 내부 설치된 것이 일반적이나 일부는 외부에 설치된 것도 있다.

(a) 외부에 설치된 정격방지기

(b) 설치사진

:그림 3-3: 정격방지기 이해

(1) 자동 전격 방지기의 부착 방법 파악하기
 ① 직각으로 부착할 것. 단, 어려울 때는 20°를 넘지 않을 것

(2) 용접기의 이동, 전동, 충격으로 이완되지 않도록 이완방지 조치를 할 것
 ① 용접기의 이동, 전동, 충격으로 이완되지 않도록 이완방지 조치를 할 것
 ② 전격 방지 장치의 작동상태를 알기 위한 요소 등은 보기 쉬운 곳에 설치할 것
 ③ 전격 방지 장치의 작동상태를 시험하기 위한 Test s/w는 조작하기 쉬운 곳에 부착할 것

(3) 자동 전격 방지기의 사용 조건 파악하기

① 자동 전격 방지 장치는 다음과 같은 장소에서 이상 없이 작동해야 한다.

② 주위 온도가 – 20℃ 이상 45℃ 이하인 상태

③ 습기 및 먼지가 많은 장소

④ 선상 또는 해안과 같은 염분을 포함한 공기 중의 상태

⑤ 이상 진동이나 충격을 받지 않는 상태

⑥ 표고 1,000m를 초과하지 않는 장소

(4) 자동 전격 방지기 설치하기

① 전격 방지기의 전류 감지기(CT)를 1차측 단자 안쪽 코일 끝에 끼운다.

② 1차측 메인 전원의 1개의 케이블과 전격 방지기 제어선을 용접기 뒷면의 왼쪽 단자에 단단히 고정한다.

③ 1차측 메인 전원의 다른 1개의 선을 전격 방지기의 입력선과 연결한다.

④ 전격 방지기의 출력선을 교류아크 용접기 뒷면의 우측 단자에 단단히 고정한다.

⑤ 접속 상태를 확인한 후 메인 전원과 벽의 전원, 용접기 전원을 차례로 'ON'하고 아크를 발생하면서 전격 방지기의 작동 상태, 아크 발생 상태 등을 확인한다.

⑥ 이상이 없으면 메인 전원을 'OFF'하고 노출된 연결 부위를 절연 테이프로 완전 절연한다.

⑦ 접지선으로 용접기 케이스 후면의 접지 표시 부분에 접지시킨다(접지 공사가 된 경우 보통 3~4선 1차 케이블 중에 녹색선이 접지선임).

3 용접장비 위험성 파악 및 점검하기

1 아크 용접기의 위험 가능성에 대한 경고 사항을 파악한다.

① 용접 중에 일어날 수 있는 감전사고 방지, 용접 흄 흡입 금지, 스패터에 의한 화상 발생 방지, 강한 불빛에 의한 안염 발생 방지에 대한 사항을 파악한다.

② 작업 전에 안전 교육과 안전 구호를 복창하여 실시하여 안전 의식을 고취시킨다.

감전(전격) 사고 방지	1. 피복 금속 아크 용접봉이나 배선에 의한 감전 사고의 위험이 있으므로 주의할 것 • 젖었거나 손상된 장갑의 착용을 금하고 마르고 절연된 장갑을 착용할 것 • 작업장에서 감전 예방을 위한 절연복을 착용할 것 • 기계를 만지기 전에 플러그를 빼거나 전원 스위치를 차단할 것
용접 fume 흡입 금지	2. 용접 시 발생하는 fume(연기)나 가스를 흡입 시 건강에 해로우므로 주의할 것 • 용접 시 발생하는 fume으로부터 머리 부분을 멀리할 것 • fume 흡입 장치 및 배기가스 설비를 할 것 • 통풍용 환풍기를 설치하여 작업 장소를 환기시킬 것
스패터에 의한 화재 발생 방지	3. 용접 시 스패터로 인해 화재나 폭발 또는 파열 사고를 일으킬 수 있으므로 주의할 것 • 인화성 물질이나 가연성 가스 근처에서 용접을 금할 것 • 용접 시 비산하는 스패터로 인해 화재의 위험이 있으니 가까운 곳에 소화기를 비치하여 화재에 대비할 것 • 드럼통이나 컨테이너 박스와 같은 밀폐된 용기나 공간에서 용접을 금할 것
강한 불빛에 의한 안염 발생주의	4. 아크 발생 시 강한 불빛과 스패터는 눈의 염증과 화상의 원인이 되므로 주의할 것 • 모자, 보안경, 귀마개, 단추달린 셔츠를 착용하고 차광도가 충분한 안경이나 용접 헬멧을 사용할 것
작업 전에 안전 수칙 복창	5. 작업 전에 용접이나 기계에 대한 교육을 받고 안전 수칙을 숙지할 것

:표 3-1: 위험 가능성에 대한 경고

2 **교류 아크 용접기의 고장 진단 및 보수 정비 방법을 파악한다.**

① 교류 아크 용접기는 대체적으로 기계식이며, 고정 철심과 가동 철심의 누설 자속의 크기에 의해 전류를 조정하는 전기 기계이므로 직류 아크 용접기보다 고장이 적고 수명이 길다.

② 그러나 과도하게 사용하거나 사용법을 잘 모르고 사용하면 고장이 발생할 수 있기 때문에 정기 또는 수시로 작업 전에 점검과 보수가 필요하다.

고장 현상	외부 및 내부 고장 원인	보수 및 정비 방법
아크가 발생되지 않을 때	• 배전반의 전원 스위치 및 용접기 전원 스위치가 'OFF'되었을 때 • 용접기 및 작업대 접속 부분에 케이블 접속이 안되어 있을 때 • 코일의 연결 단자 부분이 단선되었을 때 • 철심 부분이 쇼트(단락)되었거나 코일이 절단 되었을 때	• 배전반 및 용접기의 전원 스위치의 접촉상태를 점검하고 이상 시 수리나 교환한다. • 용접기와 작업대의 케이블 연결부분을 점검, 접속부를 확실하게 고정한다. • 용접기 케이스를 제거하고 내부를 점검수리, 필요 시 교환한다. • 용접기의 수리 여부 판단, 내·외주 수리 또는 폐기한다.
아크가 불안정할 때	• 2차 케이블이나 어스선 접속이 불량할 때 • 홀더 연결부나 2차 케이블 단자 연결부의 전선 일부가 소손되었을 때 • 단자 접촉부의 연결 상태나 용접기 내부 스위치의 접촉이 불량할 때	• 2차 케이블이나 어스선 접속을 확실하게 체결한다. • 케이블의 일부를 절단한 후 피복을 제거하고 단자에 다시 연결한다. • 단자 접촉부나 용접기 스위치 접촉부를 줄로 다듬질하여 수리하거나 스위치를 교환한다.
용접기의 발생음이 너무 높을 때	• 용접기 케이스나 고정 철심, 고정용 지지볼트, 너트가 느슨하거나 풀렸을 때 • 용접기 설치 장소가 고르지 못할 때 • 가동 철심, 이동 축지지 볼트, 너트가 풀려 가동 철심이 움직일 때 • 가동 철심과 철심 안내축 사이가 느슨할 때	• 용접기 케이스나 고정 철심, 고정용 지지볼트, 너트를 확실하게 체결한다. • 용접기 설치 장소를 평평하게 한 후 설치한다. • 철심, 지지용 볼트, 너트를 확실하게 체결한다. • 가동 철심을 빼내어 틈새 조정판을 넣어 틈새를 적게 한다. 그래도 소리가 나면 교환한다.
전류 조절이 안될 때	• 전류 조절 손잡이와 가동 철심축과의 고정 불량 또는 고착되었을 때 • 가동 철심축 나사 부분이 불량할 때 • 가동 철심축이 지지가 불량할 때	• 전류 조절 손잡이를 수리 또는 교환하거나 철심축에 그리스를 발라준다. • 철심축을 교환한다. • 철심축 고정 상태 점검, 수리 또는 교환한다.

고장 현상	외부 및 내부 고장 원인	보수 및 정비 방법
용접기 및 홀더와 케이블에 과열현상이 있을 때	• 허용 사용률 이상 과대하게 사용하였을 때 • 철심과 코일 사이에 먼지 등의 이물질이 있을 때 • 1, 2차 케이블의 연결 상태가 느슨하거나 케이블 용량이 부족할 때	• 허용 사용률 이하로 사용하고 과열 시 전원을 끄고 쉬거나 또는 필요 시 정지한다. • 용접기 케이스를 분리하고 압축공기를 사용하여 이물질을 제거한다. • 케이블 연결 상태를 확실히 고정하거나 용량부족 케이블은 교환한다.
사용 중 전류가 점차로 감소 또는 증가하는 현상이 발생할 때	• 단자 고정 볼트, 너트가 풀렸을 때 • 2차 케이블의 용량이 부족하거나 노후로 열이 발생될 때 • 철심이 노후 되었을 때	• 볼트를 확실히 체결한다. • 케이블을 교환한다. • 철심을 교환한다.

:표 3-2: 교류아크 용접기의 고장 진단 및 보수 정비 방법

제4절
비드쌓기

1 용접조건 설정하기

1 용접기의 전원 켜기

① 용접 부스에 설치된 차단기를 ON으로 올리고 용접기의 전원을 ON으로 조정하여 전원을 켠다.

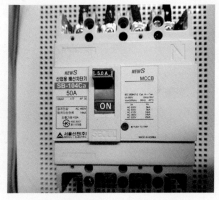

(a) 부스에 설치된 차단기 ON으로 조정   (b) 용접기의 전원을 ON으로 조정

:그림 4-1: 용접기의 전원 켜기

2 ꞉꞉ 용접봉 홀더에 용접봉 끼우기

용접봉 홀더 물림조는 (a)와 같은 형태이며 방향에 따라 각각 90°, 135°, 180°로 조절 가능하다. 자세에 적절한 방향으로 용접봉을 끼워주게 되면 용접을 진행할 경우 손목의 부담이 적어 좀 더 안정적인 자세로 용접이 가능하다. 전류체크 또는 아래보기 자세에서는 90°로 끼워 주는게 적절하며 수평, 수직 또는 위보기 자세에서는 135°로 끼워 주도록 한다. 위보기 자세에서는 180°로 끼워 사용하기도 한다. 이러한 용접봉 물림 각도는 각자 개인의 작업 성향에 따라 다르므로 여러 방법으로 시도해 본 후 자신에게 맞는 자세별 용접봉 물림 각도를 조정하면 된다.

(a) 용접봉 홀더 물림조

(b) 90° 물림(아래보기)

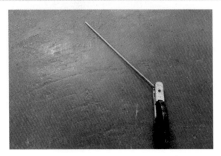

(c) 135° 물림(수평, 수직, 위보기)

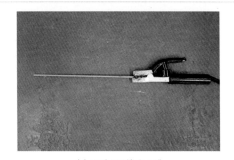

(c) 180° 물림(위보기)

꞉그림 4-2꞉ 전류계를 이용한 전류 측정

3 ⠇ 전류 설정하기

① 용량조절 핸들을 조절하여 전류를 조절한다. 전류 측정은 용접봉을 홀더에 물린 후 통전 중인 상태에서 측정해야 한다. 이때, 주의할 점은 용접봉의 통전시간을 30초 이상 넘기지 않도록 한다. 장시간 통전할 경우 용접봉이 빨갛게 달아오르면서 고열이 발생하여 자칫 화상 등의 사고로 이어질 수가 있다. 전류측정은 가급적 빠르고 신속하게 2~3회 측정 한 후 사용 한다.

(a) 용량조절핸들 조정　　　　　(b) 용접기의 전원을 ON으로 조정

：그림 4-3： 용접기의 전원 켜기

② 용접기 본체 전면에 내장된 전류 값을 나타내주는 액정이 있는 경우 휴대용 전류계와 큰 차이가 없다면 사용해도 관계없다.

③ 용접기 본체 전면에 내장된 전류 표시 액정이 없는 경우에는 [그림 4-4]와 같이 휴대용 전류계(클램프 미터)를 이용하여 전류를 측정하고 전류값을 120A로 설정한다.

(a) 통전 상태에서 전류를 측정

(b) 휴대용 전류계를 이용한 전류측정

:그림 4-4: 전류계를 이용한 전류 측정

2 자세별 비드쌓기

1 아래보기 자세 비드쌓기

① 저수소계 용접봉 Ø3.2를 홀더에 물리고 전류 값을 120A로 설정한다. 폐모재 등을 준비하여 지그에 고정하고 아래 그림과 같이 비드폭은 10~14mm, 비드높이는 2.5mm 이내로 형성되도록 연습을 한다.

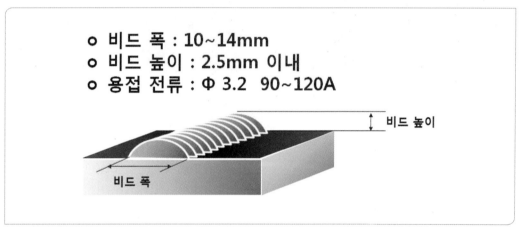

:그림 4-5: 아래보기 자세 비드쌓기 비드폭과 높이

② 저수소계 용접봉은 고산화티탄계 용접봉(E6013, 막봉이라고도 함)에 비해 용접성은 좋으나 아크발생이 어려워 작업성이 나쁘다는 단점이 있다. 그러므로 처음 아크를 발생하는 연습에 가급적 많은 시간 투자를 해야만 한다.

아크 발생 후 시작부에서 3mm 간격을 유지한 상태로 3~5초간 머물러 주어 모재를 예열한 후 천천히 모재에 용접봉을 내려놓는다. 아크가 발생하자마자 용접봉을 모재표면에 붙이게 되면 용접봉이 모재에 달라붙게 된다. 그러므로 아크 발생 후 적정 간격을 유지한 채로 용접 시작부를 충분히 예열하여 용접을 진행하도록 한다.

시작점 앞(뒤) 10mm 지점에서 아크를 발생하고 아크 길이를 약간 길게 하여 시작점으로 이동한다.

:그림 4-6: 아래보기 자세 비드쌓기 아크발생 요령

③ 용접봉의 진행각은 45~60° 또는 85~90°로 하며 작업각은 90°가 되도록 한다. 용접봉의 진행각에 따라 비드표면의 형상은 달라지게 된다.

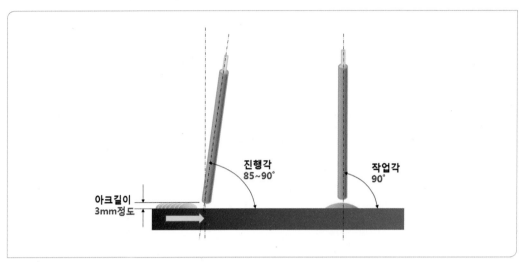

:그림 4-7: 아크길이 및 운봉각도

④ 직선비드가 익숙해지면 좌우로 1~3mm 정도 지그재그 형태의 위빙을 하여 비드를 쌓아보도록 한다.

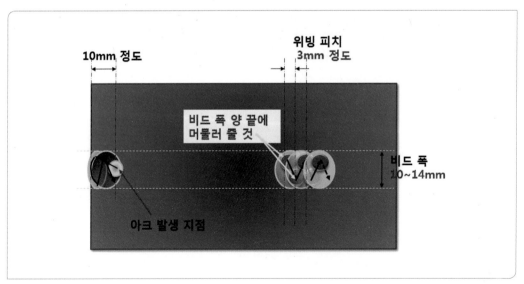

:그림 4-8: 아크 발생 및 위빙 비드쌓기

⑤ 위빙을 할 때는 비드폭 양끝에서 머물러 주고 중간 부분은 약간 빠르게 진행한다.

:그림 4-9: 위빙 비드쌓기 방법

⑥ 첫 번째 용접봉을 다 소모하고 중간에 비드잇기를 하기 위해 직전에 끝난 용접부에 대해 슬래그를 제거하고 와이어 브러쉬로 깨끗이 청소를 한다. 만약 슬래그 제거를 하지 않고 바로 이어갈 경우 슬래그 혼입 등의 결함 발생이 될 수 있으니 반드시 청소를 한 후에 비드 이어가기를 한다. 비드를 이어갈 부분 근처에서 아크를 발생하고 아크길이를 약간 길게 하여 이음부에서 용융풀이 만들어지는 현상을 확인한 후 운봉을 한다.

:그림 4-10: 비드 이음

⑦ 크레이터 처리를 위해 용접 종점부에서 아크를 짧게 한 후 2~3회 재빠르게 돌려 채운 후 용접봉을 들어올려 아크를 끊고 비드쌓기를 끝내도록 한다.

아크길이를 짧게
하여 2~3회 돌려
채운 후 재빨리
들어낼 것

크레이터 부에서 아크길이를 짧게 하여 2~3회 돌려 채운 후
재빨리 들어내어 아크를 끊는다.

:그림 4-11: 크레이터 처리

⑧ 120A의 용접전류가 익숙해 진다면 전류를 10A씩 낮춰보도록 한다. 120A, 110A, 100A, 90A 수준으로 비드쌓기를 계속하여 연습하도록 한다. 전류가 낮아질수록 비드높이는 높아지며 비드폭은 좁아지게 된다. 또한 아크발생이 어려우며 비드쌓기를 할 때 좀 더 섬세한 운동이 요구된다.

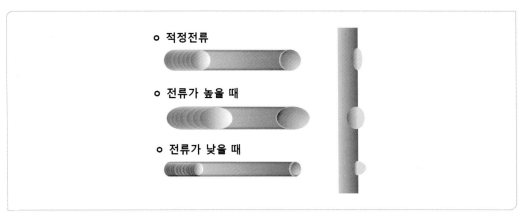

o 적정전류

o 전류가 높을 때

o 전류가 낮을 때

:그림 4-12: 전류에 따른 비드의 형태 변화

⑨ 용접봉의 진행각도에 따른 비드 형태의 변화를 파악한다. 진행각도가 45~60°일 경우 비드 높이는 높아지고 비드폭은 좁아지게 된다. 반면에 진행각도가 85~90°일 경우 비드높이는 낮아지고 비드폭은 넓어지게 된다. 진행각의 변화에 따른 비드 표면 형상의 형태를 확인해 본다.

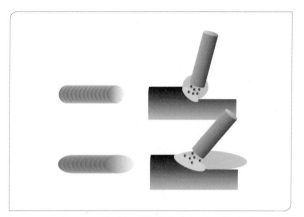

:그림 4-13: 용접봉 진행각에 따른 비드 형태 변화

⑩ 아크길이에 따른 비드 형태변화를 파악한다. 피복아크용접은 아크길이가 길어질수록 전압이 상승하여 용접봉의 용융속도가 빨라지게 된다. 아래 그림과 같이 아크길이가 길어질 경우 용접 중 발생되어지는 피복제의 보호가스가 제 역할을 하지 못해 스패터가 많이 발생되며 비드폭은 넓어지고 비드높이는 낮아지게 된다.

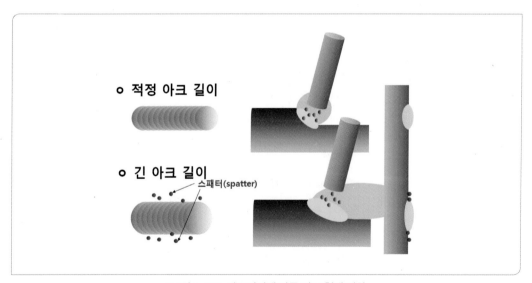

:그림 4-14: 아크길이에 따른 비드 형태 변화

⑪ 용접 위빙폭과 피치의 간격을 일정하게 유지하여 미려한 비드표면을 얻을 수 있도록 반복 연습한다.

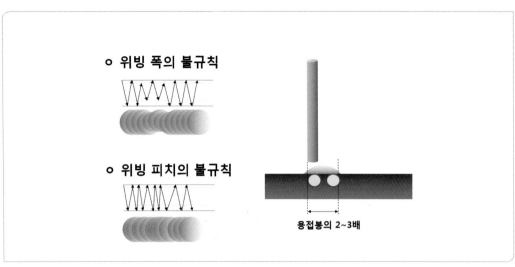

:그림 4-15: 위빙폭과 위빙 피치

⑫ 처음 놓은 비드를 1/3 정도 겹쳐서 순차적으로 모재 전체에 비드를 놓고, 완성되면 그 위에 같은 방법으로 비드를 쌓아 올린다. 이때, 각각의 비드를 놓은 후 슬래그 청소를 청결하게 하고 물로 냉각을 시켜 주도록 한다. 실제 작업현장에서는 물로 냉각을 시키는 경우가 거의 없다. 하지만, 용접연습을 위해서는 비드 한 줄을 쌓을 때마다 물로 냉각을 시켜준다. 물로 냉각을 하지 않고 연속하여 모재에 비드를 쌓아 가열할 경우 아크 발생이 쉬워지므로 초기 조건에서 연습을 하도록 한다. 또한 냉각 후 양쪽면을 번갈아 가며 비드 연습을 한다. 용접봉의 운봉각도, 전류, 아크길이, 위빙폭, 위빙피치에 따른 여러 변수에 따라 비드의 형태를 관찰하며 반복 연습한다.

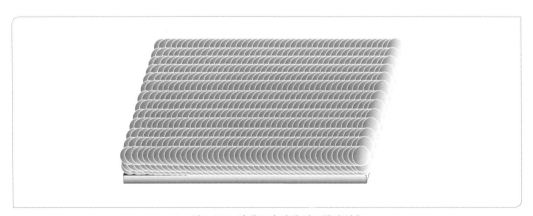

:그림 4-16: 아래보기 자세 비드쌓기 연습

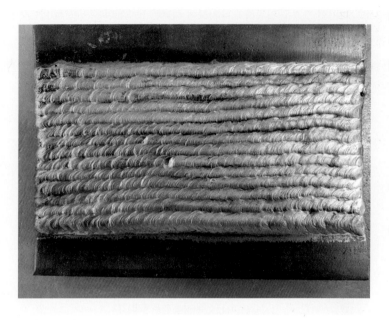

：그림 4-17： 아래보기 자세 비드쌓기 연습

2 :: 수평 자세 비드쌓기

① 저수소계 용접봉 Ø3.2를 홀더에 물리고 전류 값을 120A로 설정한다. 폐모재 등을 준비하여 지그에 고정하고 아래 그림과 같이 비드폭은 8~10mm, 비드높이는 2.5mm 이내로 형성되도록 연습을 한다.

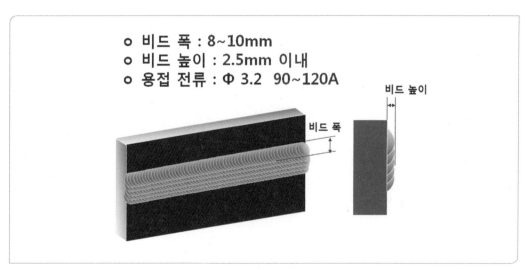

：그림 4-18： 수평 자세 비드쌓기 비드폭과 높이

② 아크 발생 후 시작부에서 3mm 간격을 유지한 상태로 3~5초간 머물러 주어 모재를 예열한 후 천천히 모재에 용접봉을 내려놓는다. 아크가 발생하자마자 용접봉을 모재표면에 붙이게 되면 용접봉이 모재에 달라붙게 된다. 그러므로 아크 발생 후 적정 간격을 유지한 채로 용접 시작부를 충분히 예열하여 용접을 진행하도록 한다.

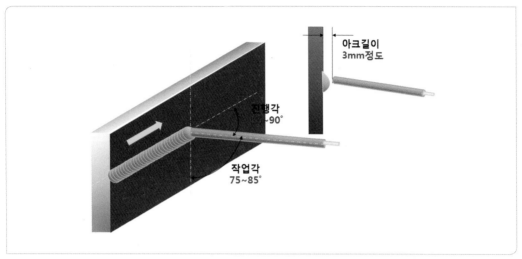

:그림 4-19: 아크길이 및 운봉각도

③ 용접봉의 진행각은 45~60˚ 또는 85~90˚로 하며 작업각은 75~85˚가 되도록 한다. 용접봉의 진행각에 따라 비드표면의 형상은 달라지게 된다.
④ 직선비드가 익숙해지면 좌우로 1~3mm 정도 지그재그 형태의 위빙을 하여 비드를 쌓아보도록 한다.

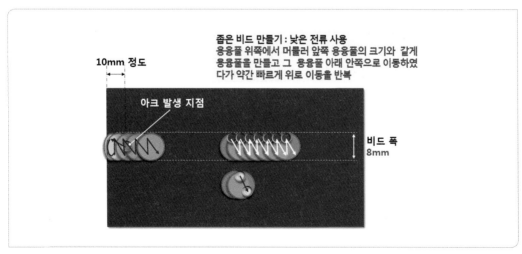

:그림 4-20: 아크 발생 및 위빙 비드쌓기

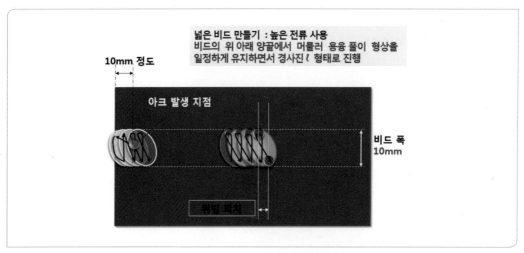

:그림 4-21: 아크 발생 및 위빙 비드쌓기

⑤ 대부분의 아크용접은 위빙을 할 때 비드폭 양끝에서는 머물러 주고 중간 부분은 약간 빠르게 진행
   한다.

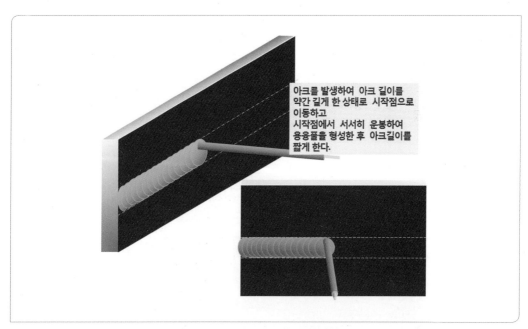

:그림 4-22: 위빙 비드쌓기 방법

⑥ 첫 번째 용접봉을 다 소모하고 중간에 비드잇기를 하기위해 직전에 끝난 용접부에 대해 슬래그를 제거 하고 와이어 브러쉬로 깨끗이 청소를 한다. 만약 슬래그 제거를 하지 않고 바로 이어갈 경우 슬래그 혼입 등의 결함 발생이 될 수 있으니 반드시 청소를 한 후에 비드 이어가기를 한다. 비드를 이어갈 부분 근처에서 아크를 발생하고 아크길이를 약간 길게 하여 이음부에서 용융풀이 만들어지는 현상을 확인한 후 운봉을 한다.

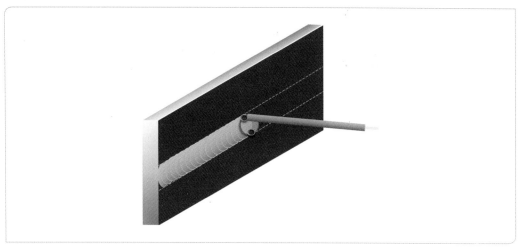

:그림 4-23: 비드 이음

⑦ 크레이터 처리를 위해 용접 종점부에서 아크를 짧게 한 후 2~3회 재빠르게 돌려 채운 후 용접봉을 들어올려 아크를 끊고 비드쌓기를 끝내도록 한다.

:그림 4-24: 크레이터 처리

⑧ 120A의 용접전류가 익숙해 진다면 전류를 10A씩 낮춰보도록 한다. 120A, 110A, 100A, 90A 수준으로 비드쌓기를 계속하여 연습하도록 한다. 전류가 낮아질수록 비드높이는 높아지며 비드폭 또한 좁아지게 된다. 또한 아크발생이 어려우며 비드쌓기를 할 때 좀더 섬세한 운동이 요구된다.

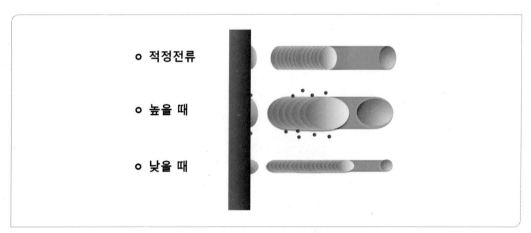

:그림 4-25: 전류에 따른 비드의 형태 변화

⑨ 용접봉의 진행각도에 따른 비드 형태의 변화를 파악한다. 진행각도가 45~60°일 경우 비드 높이는 높아지고 비드폭은 좁아지게 된다. 반면에 진행각도가 85~90°일 경우 비드높이는 낮아지고 비드폭은 넓어지게 된다. 진행각의 변화에 따른 비드 표면 형상의 변화를 확인해 보도록 한다.

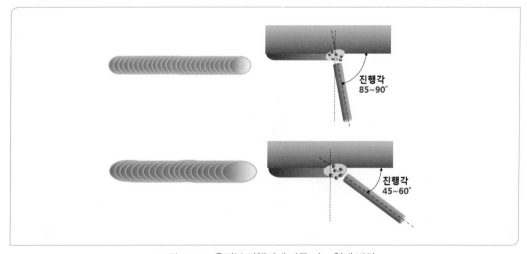

:그림 4-26: 용접봉 진행각에 따른 비드 형태 변화

⑩ 아크길이에 따른 비드 형태변화를 파악한다. 용접 이론상 정전류 특성에 따라 아크길이가 길어질수록 전압은 상승하여 용접봉의 용융속도가 빨라지게 된다. 아래 그림과 같이 아크길이가 길어질 경우 용접 중 발생되는 피복제의 보호가스가 제 역할을 하지 못해 스패터가 많이 발생되며 비드폭은 넓어지고 높이는 낮아지게 된다.

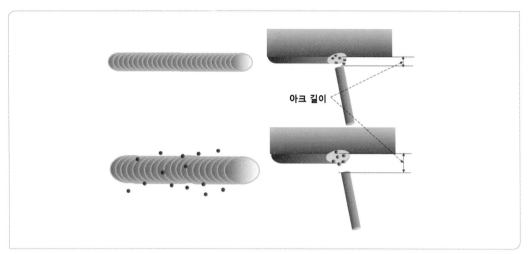

:그림 4-27: 아크길이에 따른 비드 형태 변화

⑪ 용접 위빙폭과 피치의 간격을 일정하게 유지하여 미려한 비드표면을 얻을 수 있도록 반복 연습한다.

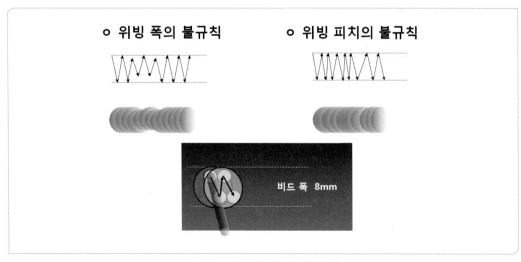

:그림 4-28: 위빙폭과 위빙 피치

⑫ 처음 놓은 비드를 1/3 정도 겹쳐서 순차적으로 모재 전체에 비드를 놓고, 완성되면 그 위에 같은 방법으로 비드를 쌓아 올린다. 이때, 각각의 비드를 놓은 후 슬래그 청소를 청결하게 하고 물로 냉각을 시켜 주도록 한다. 실제 작업현장에서는 물로 냉각을 시키는 경우가 거의 없다. 하지만, 용접연습을 위해서는 비드 한줄을 쌓을 때마다 물로 냉각을 시켜준다. 물로 냉각을 하지 않고 연속하여 모재에 비드를 쌓아 가열할 경우 아크 발생이 쉬워지므로 초기 조건에서 연습을 하도록 한다. 또한 냉각 후 양쪽 면을 번갈아 가며 비드 연습을 한다. 용접봉의 운봉각도, 전류, 아크길이, 위빙폭, 위빙피치에 따른 여러 변수에 따라 비드의 형태를 관찰하며 반복 연습한다.

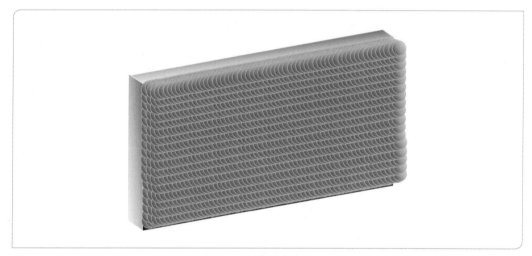

:그림 4-29: 수평 자세 비드쌓기 연습

3 ▶ 수직 자세 비드쌓기

① 저수소계 용접봉 Ø3.2를 홀더에 물리고 전류 값을 120A로 설정한다. 폐모재 등을 준비하여 지그에 고정하고 아래 그림과 같이 비드폭은 10~14mm, 비드높이는 2.5mm 이내로 형성되도록 연습을 한다.

: 그림 4-30 : 수직 자세 비드쌓기 비드폭과 높이

② 아크 발생 후 시작부에서 3mm 간격을 유지한 상태로 3~5초간 머물러 주어 모재를 예열한 후 천천히 모재에 용접봉을 내려놓는다. 아크가 발생하자마자 용접봉을 모재표면에 붙이게 되면 용접봉이 모재에 달라붙게 된다. 그러므로 아크 발생 후 적정 간격을 유지한 채로 용접 시작부를 충분히 예열하여 용접을 진행하도록 한다.

:그림 4-31: 수직 자세 비드쌓기 아크발생 요령

③ 용접봉의 진행각은 85~90°로 하며 작업각은 90°가 되도록 한다. 용접봉의 진행각에 따라 비드표면의 형상은 달라지게 된다.

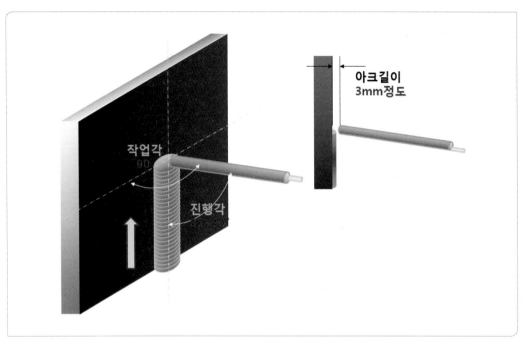

:그림 4-32: 아크길이 및 운봉각도

④ 직선비드가 익숙해지면 좌우로 1~3mm 정도 지그재그 형태의 위빙을 하여 비드를 쌓아보도록 한다.

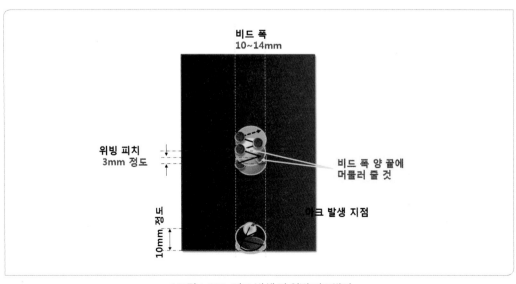

:그림 4-33: 아크 발생 및 위빙 비드쌓기

⑤ 대부분의 아크용접은 위빙을 할 때 비드폭 양끝에서는 머물러 주고 중간 부분은 약간 빠르게 진행한다.

⑥ 첫 번째 용접봉을 다 소모하고 중간에 비드잇기를 하기 위해 직전에 끝난 용접부에 대해 슬래그를 제거 하고 와이어 브러쉬로 깨끗이 청소를 한다. 만약 슬래그 제거를 하지 않고 바로 이어갈 경우 슬래그 혼입 등의 결함 발생이 될 수 있으니 반드시 청소를 한 후에 비드 이어가기를 한다. 비드를 이어갈 부분 근처에서 아크를 발생하고 아크길이를 약간 길게 하여 이음부에서 용융풀이 만들어지는 현상을 확인한 후 운봉을 한다.

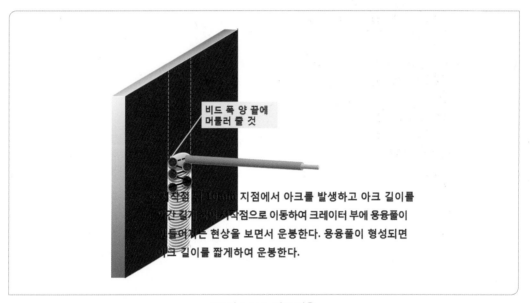

비드 폭 양 끝에 머물러 줄 것

용접 작점 위 10mm 지점에서 아크를 발생하고 아크 길이를 약간 길게 하여서 작점으로 이동하여 크레이터 부에 용융풀이 만들어지는 현상을 보면서 운봉한다. 용융풀이 형성되면 아크 길이를 짧게하여 운봉한다.

:그림 4-34: 비드 이음

⑦ 크레이터 처리를 위해 용접 종점부에서 아크를 짧게 한 후 2~3회 재빠르게 돌려 채운 후 용접봉을 들
   어올려 아크를 끊고 비드쌓기를 끝내도록 한다.

○ 비드 양쪽 끝에서 머물러 주고 가운데 부분은 빠르게
지나면서 크레이터 부에 용융풀이 채워지는 현상을 보면서
운봉한다.

:그림 4-35: 크레이터 처리

⑧ 120A의 용접전류가 익숙해진다면 전류를 10A씩 낮춰보도록 한다. 120A, 110A, 100A, 90A 수준으로
   비드쌓기를 계속하여 연습하도록 한다. 전류가 낮아질수록 비드높이는 높아지며 비드폭 또한 좁아지
   게 된다. 또한 아크발생이 어려우며 비드쌓기를 할 때 좀더 섬세한 운봉이 요구된다.

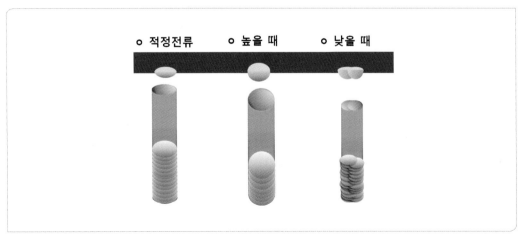

○ 적정전류   ○ 높을 때   ○ 낮을 때

:그림 4-36: 전류에 따른 비드의 형태 변화

⑨ 용접봉의 진행각도에 따른 비드 형태의 변화를 파악한다. 진행각도가 45~60°일 경우 비드 높이는 높아지고 비드폭은 좁아지게 된다. 반면에 진행각도가 85~90°일 경우 비드높이는 낮아지고 비드폭은 넓어지게 된다. 진행각의 변화에 따른 비드 표면 형상의 변화를 확인해보도록 한다.

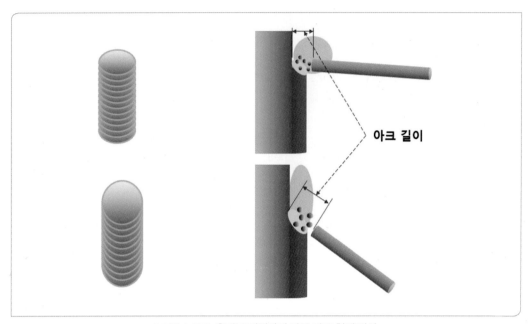

아크 길이

:그림 4-37: 용접봉 진행각에 따른 비드 형태 변화

⑩ 아크길이에 따른 비드 형태변화를 파악한다. 용접 이론상 정전류 특성에 따라 아크길이가 길어질수록 전압은 상승하여 용접봉의 용융속도가 빨라지게 된다. 아래 그림과 같이 아크길이가 길어질 경우 용접 중 발생되는 피복제의 보호가스가 제 역할을 하지 못해 스패터가 많이 발생되며 비드폭은 넓어지고 높이는 낮아지게 된다.

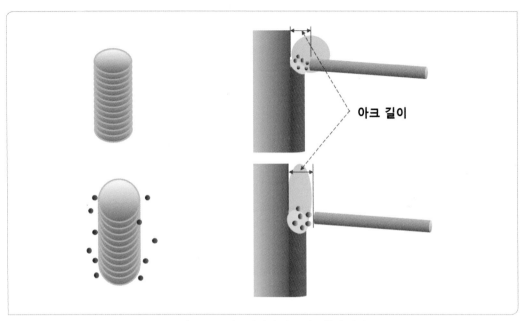

:그림 4-38: 아크길이에 따른 비드 형태 변화

⑪ 용접 위빙폭과 피치의 간격을 일정하게 유지하여 미려한 비드표면을 얻을 수 있도록 반복 연습한다.

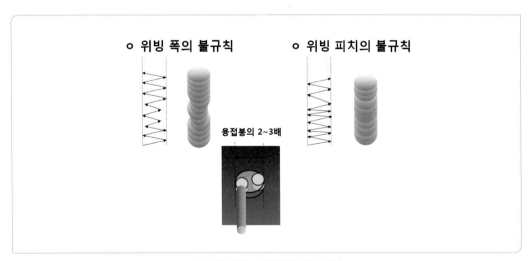

:그림 4-39: 위빙폭과 위빙 피치

⑫ 처음 놓은 비드를 1/3 정도 겹쳐서 순차적으로 모재 전체에 비드를 놓고, 완성되면 그 위에 같은 방법으로 비드를 쌓아 올린다. 이때, 각각의 비드를 놓은 후 슬래그 청소를 청결하게 하고 물로 냉각을 시켜 주도록 한다. 실제 작업현장에서는 물로 냉각을 시키는 경우가 거의 없다. 하지만, 용접연습을 위해서는 비드 한줄을 쌓을 때마다 물로 냉각을 시켜준다. 물로 냉각을 하지 않고 연속하여 모재에 비드를 쌓아 가열할 경우 아크 발생이 쉬워지므로 초기 조건에서 연습을 하도록 한다. 또한 냉각 후 양쪽 면을 번갈아 가며 비드 연습을 한다. 용접봉의 운봉각도, 전류, 아크길이, 위빙폭, 위빙피치에 따른 여러 변수에 따라 비드의 형태를 관찰하며 반복 연습한다.

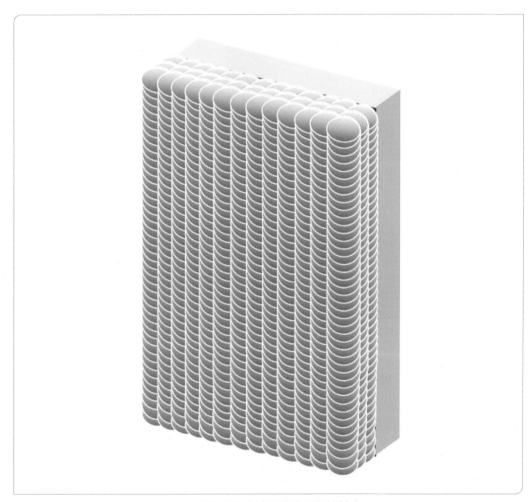

:그림 4-40: 수직 자세 비드쌓기 연습

제5절

가용접하기

1 도면 해독

1 도면 파악하기

용접기능사 자격증 시험에서 맞대기용접은 총 2가지를 실시하며 자세별로 아래보기(F), 수평(H), 수직(V) 3가지 자세 중 두 가지가 출제된다. 시험 모재의 크기는 t6 × 100W × 150L, t9 × 100W × 150L이 각각 1세트씩 출제되는 경우가 일반적이다. 그러나 경우에 따라 2세트 모두 t6로 출제되는 경우도 있다. 도면의 모재두께를 정확히 파악하여 모재 두께에 따른 알맞은 시험자세로 용접을 진행한다. 가용접 방법은 자세와 상관없이 모두 동일한 조건으로 실시하면 된다.

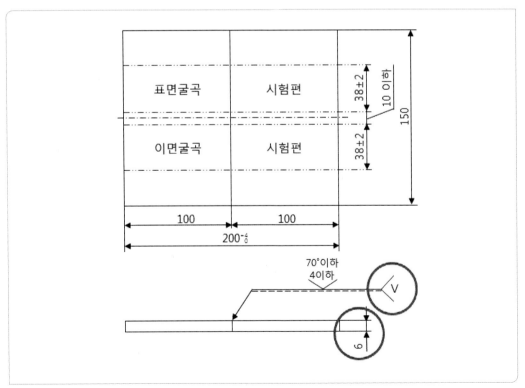

:그림 5-1: 맞대기 용접 시험 과제(t6)

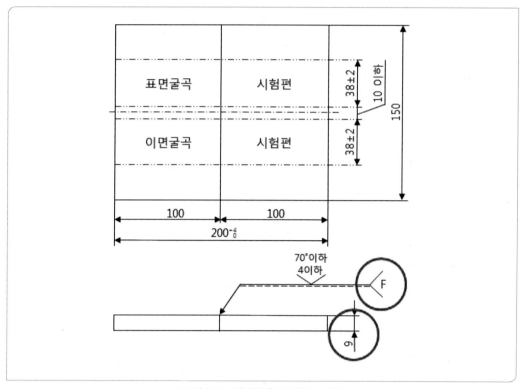

：그림 5-2： 맞대기 용접 시험 과제(t9)

① 개선면(30~35°)과 루트면(1.5~2.0mm)을 가공한 t6, t9 연습모재 및 시험 모재를 준비한다.

② 용접전류를 115~120A로 설정한다. 가용접 전류를 너무 낮게 할 경우 아크 발생이 어려우며 전류가 120A 이상일 경우 아크발생은 조금 더 수월하지만 전류가 너무 높아 구멍 또는 용락 등이 발생할 수 있다.

③ 정확한 가용접을 위해서 자석을 준비한다.

④ 시점과 종점부에 아래 그림과 같이 Ø3.2 용접봉의 심선 부위를 루트면 사이에 꽉 끼도록 고정한다.

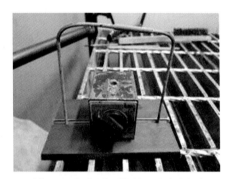

| (a) 시점과 종점부에 용접봉을 고정 | (b) Ø3.2 용접봉을 이용한 루트간격 조절 |

:그림 5-3: 루트간격조정

⑤ 자석은 계속 ON 상태를 유지하고 용접봉을 제거한다.

| (a) 루트간격 확인 | (b) 용접봉 제거 |

:그림 5-4: 루트간격 확인 및 용접봉 제거

⑥ 아래 그림과 같이 가용접 부분 아래에서 대기하여 용접봉을 위로 긁어주면서 아크를 발생하도록 한다.

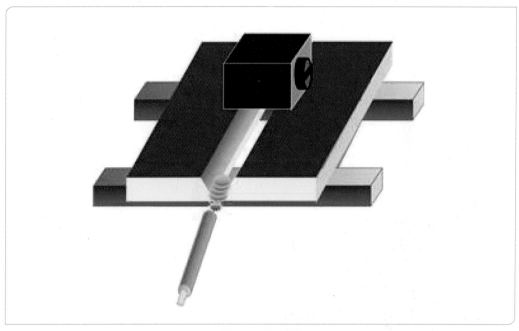

:그림 5-5: 가용접 방법

⑦ 아래 그림과 같이 왼손을 모재 또는 작업대에 올려 고정한 상태로 오른손으로 용접봉을 좌우로 빠르게 이동하면서 약 10mm으로 가용접 한다.

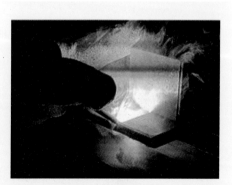

(a) 가용접 준비　　　　　　　　　　　(b) 아크발생 및 가용접

:그림 5-6: 루트간격(3.2mm)

⑧ 한쪽 방향에 대해 가용접이 끝나고 반대쪽에도 가용접을 한다. 반대쪽에 가용접을 하기 전 다시 한번 Ø3.2 용접봉 심선 부분을 이용하여 루트간격을 체크하여 3.2mm로 조절한다. 한쪽 가용접이 끝난 후 가용접부에 대한 열수축이 발생하면서 반대쪽 루트간격에 영향을 줄 수 있다. 반드시 반대쪽 가용접을 하기 전 루트간격을 반드시 재확인하도록 한다. 이때 자석은 계속 ON 상태를 유지한다.

(a) 한쪽면 가용접 완료

(b) 반대쪽 루트 간격조절

:그림 5-7: 양방향 가용접

⑧ 연습모재의 경우 아래 그림 (a)와 같이 바로 용접연습을 할 부분만 양쪽면에 가용접을 하고 나머지 부분에 대해서는 한쪽 부분만 가용접을 하도록 한다. 용접 열 수축에 따른 변형이 발생하여 루트간격이 벌어지기 때문에 가용접을 나중에 진행하도록 한다.

(a) 가용접 후 용접부 표면 청소

(b) 가용접 후 용접부 이면 청소

:그림 5-8: 가용접 후 용접부 청소

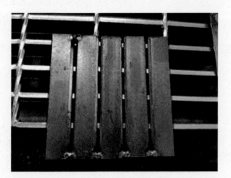

(a) 가용접완료_연습모재

(b) 가용접완료_시험모재

:그림 5-9: 가용접 완료

제6절

맞대기 용접

1 아래보기자세 맞대기 용접하기

1 :: 아래보기 자세 1차 용접하기

① 피복아크용접 아래보기 자세 V형 맞대기 이음에서 일반적으로 t6의 경우 Ø3.2 용접봉 4개를 사용하여 2층(pass)으로 진행하고 t9의 경우 용접봉 6개를 사용하여 3층(pass)으로 용접을 진행한다. 아래보기 자세의 경우, 한 층당 2개의 용접봉을 사용하도록 하며 용접 외관평가 후 굽힘 시험에서 평가 제외 구간인 중간 지점에서 첫 번째 용접봉을 끊고 두 번째 용접봉을 연결해 가는 부분이 중요하다.

아래보기 V형 맞대기 용접
- 용접전류 : 1차 90~93A
　　　　　2차 120A
　　　　　3차 120A
- 루트간격 : 3.2mm
- 루트면 : 1.5~2.0mm
- 용접봉 각도 : 작업각 90˚
　　　　　　진행각 75~85˚

:그림 6-1: 모재 두께에 따른 아래보기 자세 V형 맞대기 이음 진행 방법

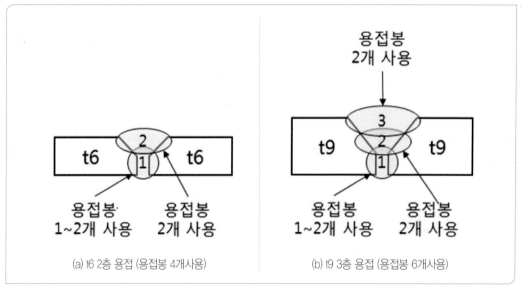

(a) t6 2층 용접 (용접봉 4개사용)　　(b) t9 3층 용접 (용접봉 6개사용)

:그림 6-2: 모재 두께에 따른 아래보기 자세 V형 맞대기 이음 진행 방법

② 가용접된 연습모재를 지그에 고정한다. 이때, 정확한 용접자세를 위하여 아래보기 자세의 경우 모재의 높이는 앉았을 때 허벅지와 배꼽 사이 높이로 조절을 하며 엉덩이를 뒤로 빼서 허리를 최대한 숙이고 용접부와 자신의 눈과 거리를 30cm 이내로 한다. 대부분 입문자들의 경우 허리를 펴고 하는 경우가 있는데 용융지를 제대로 보지 못한 채 진행을 하게 될 경우 정확한 용접을 할 수가 없다.

:그림 6-3: 아래보기 자세 시험편 고정

③ 용접전류를 90~93A로 설정한다. 1차 이면비드 용접 전류는 90A 이하로 하게 될 경우 이면비드 용착 불량 및 용입부족 현상이 발생할 수 있고 아크 발생이 어렵게 된다. 반대로, 전류를 93A 이상 사용하게 될 경우 아크 발생은 쉬워지나 용융속도가 빨라져 운봉속도를 조절하기가 어려워질 수도 있다. 그러므로 90~93A의 전류를 사용하여 1차 이면비드 용접을 연습하도록 한다.

(a) 1차 이면비드용접 전류(91A)

(b) 가접부 끝단 대기

:그림 6-4: 아래보기 1차 이면비드 용접 전류 설정 및 대기 상태

(a) 1차 이면비드용접 진행각 70~80°

(b) 1차 이면비드용접 작업각 90°

:그림 6-5: 아래보기 자세 운봉각

④ 오른손잡이의 경우 좌측 가용접부 끝단에 피복제가 걸치도록 대기 상태에서 성냥을 켜듯이 긁기법을 이용하여 아크를 발생하고 가용접부 내측 부분에서 3초 이상 3mm의 간격을 유지한 상태로 용접 시 작부를 예열 한 다음 천천히 개선 홈 안쪽에 키홀을 만들면서 용접봉을 최대한 개선홈 안쪽으로 집어넣도록 한다.

⑤ 1차 이면비드 용접 시 진행각은 70~80°로 하며 작업각은 진행하는 방향에 대해 90°가 되도록 유지한다.

:그림 6-6: 1차 이면비드용접 방법

⑥ 용접봉 1개를 다 쓰면 용접부 중간 지점에서 멈추도록 한다. 처음 용접을 입문하는 사람들에게 Ø3.2 × 350mm 용접봉을 사용하여 1차 이면비드를 처음부터 끝까지 한번에 가기란 쉽지가 않다. 그러므로 모재준비 단계에서 모재 센터부(75mm)에 줄가공을 통한 노치홈을 주어 굽힘시험에 포함되지 않는 가운데(10mm) 구간에서 정확히 끊어주도록 한다.

| (a) 1차 이면비드용접 첫 번째 용접봉 | (b) 1차 이면비드용접 표면 |

:그림 6-7: t6 아래보기 1차 이면비드 용접 첫 번째 용접봉

⑦ 용접봉 1개를 쓰고 두 번째 용접봉을 이용하여 이면비드를 끊기지 않고 부드럽게 이어가는 방법을 연습하도록 한다. 첫 번째 용접봉의 비드 끝단 지점으로부터 두 번째 용접봉은 약 10mm 이전 구간에서 용융지를 형성하여 용접을 진행하도록 한다. 그래야만 이면비드가 최대한 끊기지 않고 부드럽게 이어 나갈 수 있다.

| (a) 두 번째 용접봉 용융지 시작점 | (b) 두 번째 용접봉 10mm 겹쳐쌓기 |

:그림 6-8: 1차 이면비드10mm 겹쳐 쌓기 방법

(a) 1차 이면비드 완료

(b) 슬래그제거

:그림 6-9: t6 1차 이면비드용접 후 슬래그 제거

(a) 용접부 표면

(b) 용접부 이면(용접봉 2개사용)

:그림 6-10: t6 1차 이면비드 용접부

⑧ 아래 그림과 같이 용접봉 1개를 이용하여 처음부터 끝까지 이면비드를 만들어 보았다. 용접봉 1개를 사용하여 처음부터 끝까지 진행할 경우 중간 지점에 노치를 주지 않아도 되며 정확히 끊지 않아도 되기 때문에 부담감이 없으며 굽힘 시험에서도 좀 더 유리한 결과를 얻을 수가 있다. 용접기술이란 단순한 수학적 계산이 아닌 꾸준한 연습을 통해 용융지의 용융 속도, 소리 및 손의 감각을 통해서 실력이 조금씩 늘어나게 된다. 반복되는 연습을 통해 이면비드용접을 용접봉 1개로 진행할 수 있도록 연습해 보자.

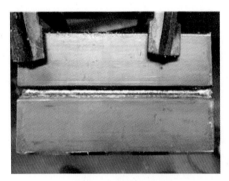 

(a) t9 1차 용접부 표면   (b) t9 1차 이면 용접부 (용접봉 1개사용)

:그림 6-11: t9 1차 이면비드용접 완료

⑨ 1차 이면비드용접 후 용착량을 확인해 본다. 용접봉 1개를 사용하여 이면비드를 용접할 경우 아래 그림과 같이 루트면만 용융시켜 진행한다.

(a) t9 1차 이면비드용접 용착량 1   (b) t9 1차 이면비드용접 용착량 2

:그림 6-12: t9 1차 이면비드용접 용착량 확인

2 ∴ 아래보기자세 2차 용접하기

① t6의 경우 2차 표면용접을 진행한다. 용접봉을 좌·우로 1~2mm 간격으로 양측 끝에서 머물러 주면서 위빙을 하도록 한다. 이때 용융지는 개선면 시작부 모서리가 1~2mm 정도 덮여지는 것을 육안으로 확인하면서 운봉속도를 조절한다. t9의 경우 2차 중간층 용접과 3차 표면용접을 한다. 6t와 마찬가지로 용접봉을 좌·우로 1~2mm 위빙하고 모재 표면보다 1mm 낮게 용착금속을 채워주도록 한다. 용접봉 2개를 사용하기 때문에 중간 지점에서 끊어주고 이어간다.

:그림 6-13: t9 2차 중간층 용접 방법(모재표면보다 1mm 낮게 비드를 형성)

② 이면비드 용접을 완료한 후에 전류를 120A로 설정한다. 1차 이면비드용접과 마찬가지로 진행각을 70~80°로 한다.

(a) 전류 120A 설정

(b) 2차 표면비드용접 아래보기 자세

：그림 6-14： t6 2차 표면비드용접

(a) 첫 번째 용접봉

(b) 두 번째 용접봉

：그림 6-15： t6 2차 표면비드용접

③ 2차 표면비드용접 완료 후에 용접부 표면에 슬래그와 스패터를 제거한다.

(a) 용접부 청소

(b) 스패터 제거

:그림 6-16: 용접완료 후 슬래그 및 스패터 제거

④ 시험모재와는 달리 연습모재의 경우 연속적인 용접연습을 위해 물에 냉각을 충분히 시켜준 후 용접 연습을 이어 나가도록 한다.

(a) t6 2차 표면비드용접 완료_시험모재

(b) 용접완료 후 냉각_연습모재

:그림 6-17: t6 2차 표면비드용접 완료 및 냉각

⑤ 아래 그림과 같이 용접봉과 모재가 용융되어 채워지는 용융지의 양을 육안으로 확인하며 용접속도를
조절한다. 처음에는 용접속도가 조금 느리지만 종점부에 가까워질수록 모재가 가열됨에 따라 용접봉
의 용융속도가 빨라지게 된다.

 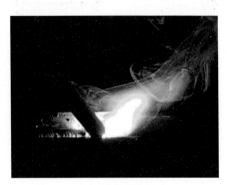

| (a) 운봉각도 | (b) 아크길이 |

:그림 6-18: t9 2차 중간층 비드 운봉각도 및 아크길이

⑥ 아래 그림은 중간층 용접의 위빙폭을 나타내고 있다. 개선홈 안쪽에서 약 1~2mm 정도 지그재그 위
빙을 하면서 양측 끝에서 머물러 주며 운봉한다.

| (a) 위빙폭_좌 | (b) 위빙폭_우 |

:그림 6-19: t9 2차 중간층 비드 위빙 폭

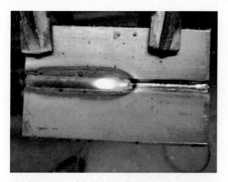
(a) 첫 번째 용접봉

(b) 두 번째 용접봉

∶그림 6-20∶ t9 2차 중간층 비드

⑦ 중간층 용접을 완료한 후에 용접봉의 용착량을 확인한다. 아래 그림과 같이 모재 표면보다 약 1mm 정도 덜 채워진 상태가 되도록 한다. 개선홈이 시작되는 모서리 면이 육안으로 보여야 마지막 3차 표면용접을 할 경우 위빙 간격을 조절할 수 있고 반듯한 직선비드로 3차 표면비드 용접을 진행하기가 수월해진다.

(a) 용착량 확인_정면

(b) 용착량 확인_측면

∶그림 6-21∶ t9 2차 중간층 비드 용착량

：그림 6-22： t9 3차 표면 용접 운봉방법

① 아래 그림과 같이 좌·우로 모재 표면의 개선 홈 모서리면에 용접봉이 넘어가지 않도록 위빙폭을 조
절하면서 지그재그 형태로 양끝에서 머물러 주면서 위빙을 한다.

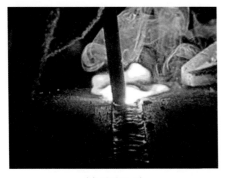

(a) 위빙폭_좌

(b) 위빙폭_우

：그림 6-23： t9 3차 표면 용접 위빙폭

② 용접 종점부에서는 크레이터 처리를 해야 한다. 아래 그림과 같이 용접 종점부에서 용접봉을 '떼고-찍고'를 2~3회 반복하여 종점부를 '볼록하게' 채워주도록 한다. 그러면 용접부 종점이 오목하거나 납작하게 파진 형상으로 남지 않고 냉각 중에 균열 등의 결함이 발생하는 것을 방지할 수 있다.

(a) 크레이터 처리(떼고)

(b) 크레이터 처리(찍고)

：그림 6-24： t9 3차 표면 용접 종점부 크레이터 처리

(a) 첫 번째 용접봉

(b) 두 번째 용접봉

：그림 6-25： t9 3차 표면 용접 완료

③ 용접이 완료된 후 아래 그림과 같이 용접부 표면과 종점부 크레이터 처리를 확인한다.

(a) t9 3차 표면비드   (b) t9 3차 크레이터부

：그림 6-26： t9 3차 표면비드 완료

2 수평 자세 맞대기 용접하기

1 수평 자세 1차 용접하기

① 피복아크용접 수평 자세 V형 맞대기 이음에서 t6의 경우 Ø3.2 용접봉 4개를 사용하여 2층(pass)으로 진행하고 t9의 경우 용접봉 7개를 사용하여 3층(pass)으로 용접하는 것이 가장 일반적인 방법이다. 1차 이면비드용접의 경우 2개의 용접봉을 사용하도록 하며 중간층 및 표면 용접의 경우 용접봉 1개로 150mm를 직선비드로 한번에 용접한다. 용접 외관평가 후 굽힘시험에서 평가 제외구간인 중간 부분(10mm)에서 첫 번째 용접봉을 끊고 두 번째 용접봉을 연결해 가는 과정이 가장 중요한 요소이다.

:그림 6-27: 수평 자세 V형 맞대기 용접

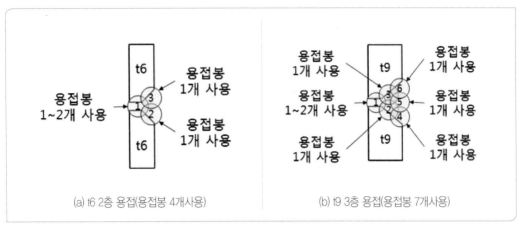

(a) t6 2층 용접(용접봉 4개사용)   (b) t9 3층 용접(용접봉 7개사용)

:그림 6-28: 모재 두께에 따른 수평 자세 V형 맞대기 이음 진행 방법

② 연습모재의 경우 가용접 전에 모재간의 단차(높낮이 차이)와 루트간격을 재확인하도록 한다. 특히, 시험모재가 아닌 연습모재를 연결하여 사용할 경우 매 용접 때마다 열수축에 따른 연습모재가 변형이 일어나기 때문에 한 구간마다 용접이 끝나고 물에 충분한 냉각을 시킨 뒤에 가용접을 하기 전 단차 및 루트간격을 반드시 재확인하도록 한다. 루트 간격은 자세와 상관없이 모두 3.2mm(용접봉이 루트면에 꽉 끼는 수준)로 조정한다.

(a) 연습모재 단차 확인   (b) 루트간격 재확인 및 가용접 실시

:그림 6-29: 연습모재 단차 및 루트간격 확인

③ 가용접된 연습모재를 지그에 고정한다. 이때, 정확한 용접자세를 위하여 수평 자세의 경우 모재의 높이는 의자에 앉았을 때 자신의 눈높이로 조절을 하며 위아래 모재의 루트면이 다 보일 수 있도록 하며 용접부와 자신의 눈과 거리는 30cm 이내로 한다. 모재를 너무 낮게 고정할 경우 위아래 모재의 루트면에 용융지를 정확히 볼 수가 없다. 용접자세가 안정되어야 일관성 있는 비드폭과 비드피치를 만들 수 있다.

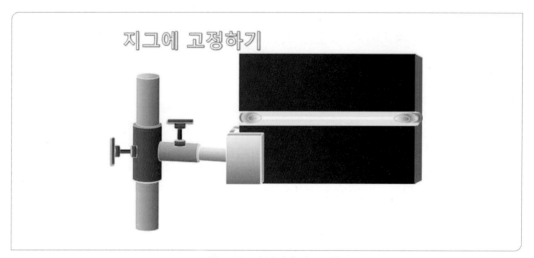

:그림 6-30: 수평자세 지그고정

④ 용접전류를 90~93A로 설정한다. 어떤 자세든 간에 1차 이면비드용접 전류는 90~93A로 설정하도록 한다. 기존의 용접 관련 기술 서적에는 자세별 용접 전류를 다르게 조절하였다. 그러나 5A 미만의 용접 전류 차이는 극히 미세하며 장비 또는 용접 시설 및 환경에 따라 전류는 언제든 변경될 수가 있다. 전류의 높고 낮음과 상관없이 용접부의 용융속도에 따라 용접봉 진행각, 작업각 및 용접봉의 아크길이를 달리 하며 연습을 반복하도록 한다.

⑤ 아래 그림과 같이 오른손잡이의 경우 좌측 가용접부 끝단에 피복제를 걸친 상태로 대기하였다가 성
냥을 켜듯이 긁기법을 이용하여 아크를 발생하고 가용접부 내측 지점에서 약 3mm의 아크길이 간격
을 유지한 채로 3초 이상 위아래로 예열을 한다. 위와 아래모재 간에 용융풀이 연결이 되었을 때 천
천히 용접부 개선 홈 안쪽에 용접봉을 최대한 집어넣도록 한다. 이때 왼손은 지그 또는 모재에 살짝
기대어 용접봉을 안정적으로 받쳐 주도록 하며 오른손은 일정한 속도로 용접봉을 밀어 넣도록 한다.

(a) 용접자세

(b) 용접 운봉각도

:그림 6-31: 수평 1차 이면비드용접 자세 및 운봉각도

⑥ 아래 그림과 같이 첫 번째 용접봉을 사용하여 이면비드용접을 진행한다. 첫 번째 용접봉 1개를 다 쓰면 용접부 중간 지점(노치 표시 구간)에서 멈추도록 한다. Ø3.2 × 350mm 용접봉을 사용하여 1차 이면 비드를 처음부터 끝까지 한번에 용접하기란 쉽지가 않다. 또한 이면비드가 충분히 생성되지 않을 경우 융착불량 및 용입부족에 따른 굽힘시험에서 결함발생 및 부러질 우려가 있다. 그러므로 용접 입문자 들의 경우 모재준비 단계에서부터 모재 중심부(75mm 지점)에 줄 가공을 통한 노치홈을 주어 굽힘시 험에 포함되지 않는 가운데 지점(10mm)에서 정확히 끊어 주고 비드를 잇는 연습을 반복하도록 한다.

:그림 6-32: 수평 1차 이면비드용접 첫 번째 용접봉

⑦ 아래 그림과 같이 아크 발생 후 용접봉을 개선홈 안쪽에 최대한 집어넣은 상태로 위·아래로 용접봉의 각도만 조금씩 움직여 주면서 루트면을 용융시켜 운봉을 진행한다.

(a) 아크길이

(b) 용접봉 1개를 사용한 이면비드용접

:그림 6-33: 수평 1차 이면비드용접 아크길이 및 이면비드용접

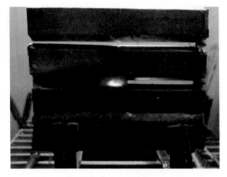
(a) 용접부 표면

(b) 용접부 이면

:그림 6-34: 1차 이면비드용접 첫 번째 용접봉

⑧ 첫 번째 용접봉을 용접부 중간 지점에서 멈추고 두 번째 용접봉을 10mm 겹쳐 쌓기를 한다. 첫 번째 용접봉의 비드 끝단으로 부터 약 10mm 이전 구간에서 두 번째 용접봉을 아크발생 후 용융지를 형성하여 첫 번째와 두 번째 용접봉의 비드를 약 10mm 정도 겹쳐 쌓도록 한다. 겹쳐 쌓기를 하면 비용입 구간을 최소화 할 수 있고 슬래그 혼입, 기공 등의 결함을 감소시킬 수 있다.

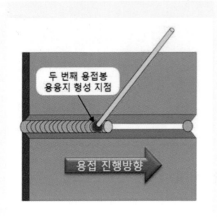
(a) 두 번째 용접봉 시작점

(b) 1차 이면비드 10mm 겹쳐쌓기

：그림 6-35： 1차 이면비드 겹쳐쌓기

(a) 용접부 표면

(b) 용접부 이면

：그림 6-36： t6 1차 이면비드용접 완료_연습모재

⑨ 1차 이면비드용접을 완료한 후에 용접부 표면과 이면의 슬래그와 스패터를 제거한다.

(a) t6 1차 이면비드용접 표면   (b) t6 용접봉 1개를 사용한 용접부 이면

:그림 6-37: t6 1차 이면비드용접 완료

(a) 용접부 표면   (b) 용접봉 1개를 사용한 용접부 이면

:그림 6-38: t9 1차 이면비드용접 완료

2 ∷ 수평 자세 2차 용접하기

① t6의 경우 2차 표면, t9의 경우 2차 중간층 용접을 위해 전류는 120A로 설정한다. 용접봉 진행각과 작업각은 각각 70~80°를 유지하도록 한다. 기능사 시험규정에 따라 모재 두께의 50% 이상 비드의 높이가 높아질 경우 오작 처리될 수 있기 때문에 비드높이가 너무 높아지지 않도록 주의하며 용접속도를 조절한다.

② 2차 표면, 중간층 용접은 첫 층과 두 번째 층으로 각각 용접봉 한 개로 150mm 구간을 위빙 없이 직선비드로 한번에 용접하게 된다. t9 중간층 용접의 경우, 위·아래로 위빙하여 1회에 채우거나 위빙 없이 직선비드 2줄로 채울 수 있다. 중력에 의해 용융지는 항상 위에서 아래로 흘러내리기 때문에 위빙을 할 경우 비드가 아래쪽으로 쏠림현상이 발생할 수도 있다. 수평자세 용접에서는 가급적 위빙을 하지 않고 직선비드로 용접하며 용접봉의 진행각과 작업각에 대해 특별한 주의를 하며 연습을 한다.

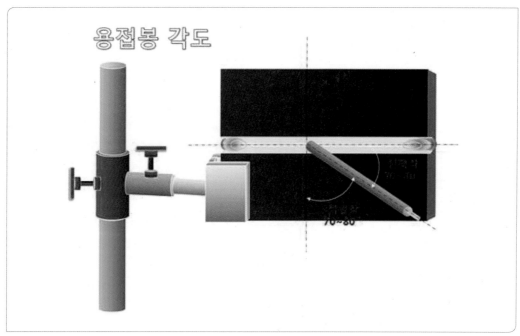

∷그림 6-39∷ 수평자세 용접봉 진행각 및 작업각

③ t9의 경우 아래 그림과 같이 중간층을 용접할 경우 표면으로부터 1mm 아래까지 채우도록 한다.

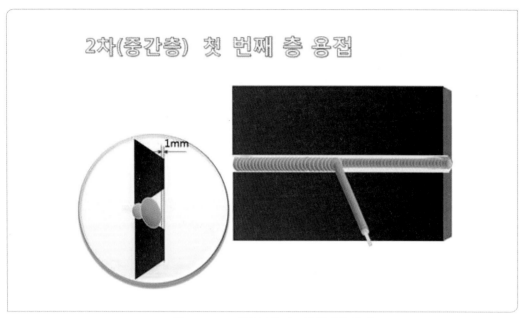

:그림 6-40: t9 2차 중간층 비드 첫 번째 층 용접

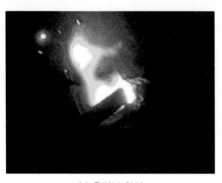

(a) 용접봉 위치

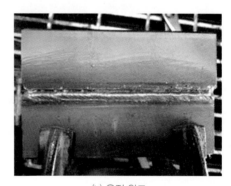

(b) 용접 완료

:그림 6-41: t6 2차 표면비드 첫 번째 층 용접

(a) 용접봉 위치

(b) 용접 완료

:그림 6-42: t9 2차 중간층 비드 첫 층 용접_연습모재

(a) 용접봉 위치

(b) 용접 완료

:그림 6-43: t9 2차 중간층 비드 첫 층 용접_시험모재

④ 첫 층 용접 후 슬래그와 스패터를 제거한다. 두 번째 층 역시 용접부 표면으로부터 1mm 아래까지 채우도록 한다. 진행각은 70~80°, 작업각도 70~80°를 유지하도록 한다.

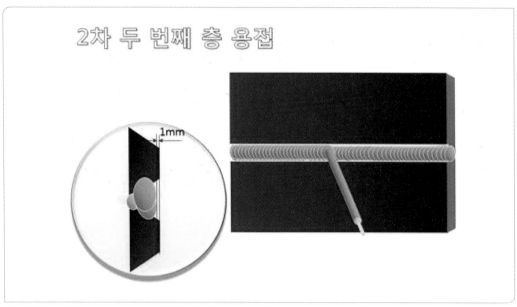

:그림 6-44: 수평 2차 중간층 비드 두 번째 층 용접

⑤ t6 모재의 경우 아래 그림과 같이 첫 번째 층 비드의 50% 정도를 남기고 그 위를 겹쳐 덮어 주면서 위빙을 하지 않고 직선 운봉한다.

(a) 용접봉 위치

(b) 용접 완료

:그림 6-45: t6 2차 표면 비드 두 번째 층 용접

⑥ 2차 중간층 용접이 완료된 후 슬래그 해머 등으로 스패터 및 슬래그를 제거해주고 와이어 브러쉬로
비드 표면과 이면을 깨끗이 청소해준다.

(a) 정면   (b) 측면

:그림 6-46: t6 표면 비드 두 번째 층 용접 완료

⑦ 아래 그림과 같이 t9의 경우, 2차 중간층 두 번째 용접봉의 위치는 첫 번째 층 비드의 50% 정도를 남
기고 그 위를 겹쳐 덮어주면서 직선비드를 쌓도록 한다.

(a) 용접봉 위치   (b) 용접 완료

:그림 6-47: t9 2차 중간층 비드 두 번째 층 용접

(a) 정면

(b) 측면

:그림 6-48: 2차 중간층 비드 두 번째 층 용접 완료

3 수평 자세 3차 용접하기

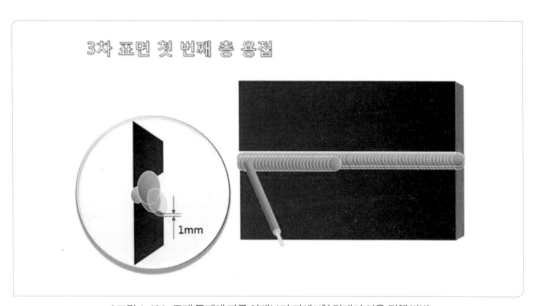

:그림 6-49: 모재 두께에 따른 아래보기 자세 V형 맞대기 이음 진행 방법

① 아래쪽 모재 개선 부위 아래 턱 부분을 1mm 정도 덮어 주면서 직선운봉으로 용접을 진행한다. 용접봉은 모재로부터 약 1~2mm 띄어 주면서 용융지의 크기가 일정하도록 운봉속도를 조절한다. 용접봉의 진행각은 70~80°, 작업각은 70~80°를 유지한다.

(a) 용접봉 위치

(b) 용접완료

:그림 6-50: t9 3차 표면비드 첫 번째 층 용접봉 위치 및 완료

(a) 정면

(b) 측면

:그림 6-51: t9 3차 표면비드 첫 번째 층 용접 완료

② 3차 표면 두 번째 층 용접은 아래 비드를 50% 정도 남기고 그 위를 겹쳐서 덮어주면서 진행을 한다. 형성되는 용융지의 크기가 일정하도록 운봉속도를 조절한다. 각 층 용접 후 결함 및 슬래그를 제거하도록 한다.

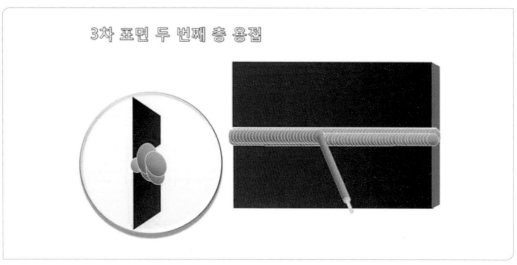

:그림 6-52: 수평 t9 3차 표면비드 두 번째 층 용접

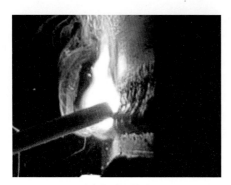

(a) 용접봉 위치

(b) 용접완료 측면

:그림 6-53: t9 3차 표면비드 두 번째 층 용접봉 위치

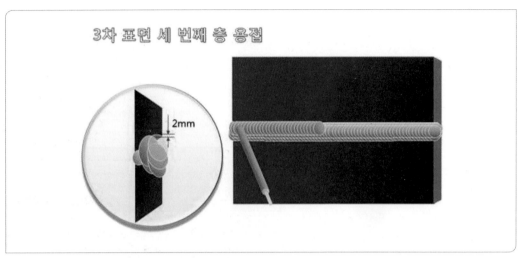

:그림 6-54: 수평 t9 3차 표면비드 세 번째 층 용접 위치

(a) 용접봉 위치

(b) 용접완료

:그림 6-55: t9 3차 표면비드 세 번째 층 용접 위치

(a) 정면   (b) 측면

：그림 6-56： t9 3차 표면비드 세 번째 층 용접 완료

3 수직 자세 맞대기 용접

1 수직자세 1차 용접하기

① 피복아크용접 수직 자세 V형 맞대기 이음은 아래보기 자세와 마찬가지로 t6의 경우 Ø3.2 용접봉 4
개를 사용하여 2층(pass)으로 진행하고 t9의 경우 용접봉 6개를 사용하여 3층(pass)으로 용접하는 것
이 가장 일반적인 방법이다. 한 층당 2개의 용접봉을 사용하도록 하며 용접 외관평가 후 굽힘시험에
서 평가 제외구간인 중간부분(10mm 부분)에서 첫 번째 용접봉을 끊고 두 번째 용접봉을 연결해가는
부분이 가장 중요한 부분이다.

:그림 6-57: 모재 두께에 따른 수직 자세 V형 맞대기 이음 방법

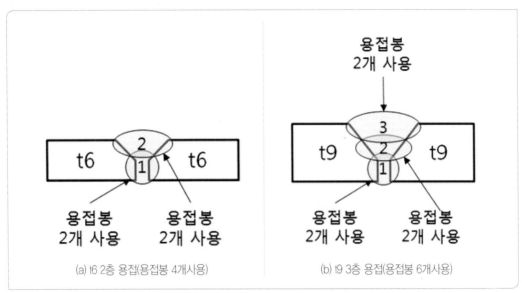

:그림 6-58: 모재 두께에 따른 수직 자세 V형 맞대기 이음 진행 방법

② 가용접된 모재를 지그에 고정한다.

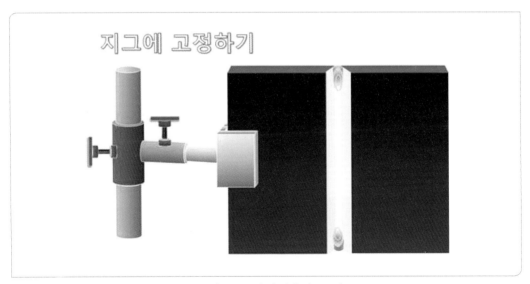

:그림 6-59: 수직 자세 지그 고정

③ 용접전류를 90~93A로 설정한다. 다른 자세와 마찬가지로 루트간격은 3.2mm(루트면에 용접봉이 꽉 끼는 수준)로 한다. 수직자세에서는 모재의 높이를 자신의 가슴높이로 하며 허리와 얼굴을 앞으로 숙이며 왼손은 모재 또는 클램프 지그 등에 기대어 용접봉을 받쳐주는 형태로 한다. 용접부와 자신의 눈과 거리는 30cm 미만으로 최대한 가깝게 응시하며 용융지를 정확하게 볼 수 있도록 한다. 오른손은 홀더 끝을 잡아 안정적으로 용접봉을 밀어 넣어주도록 한다.

(a) 전류설정(91A)

(b) 수직 자세 용접자세

:그림 6-60: 전류설정 및 용접자세

④ 아래 그림과 같이 수직자세 1차 이면비드 용접 시 진행각은 70~80°로 하며 작업각은 90°를 유지한다.

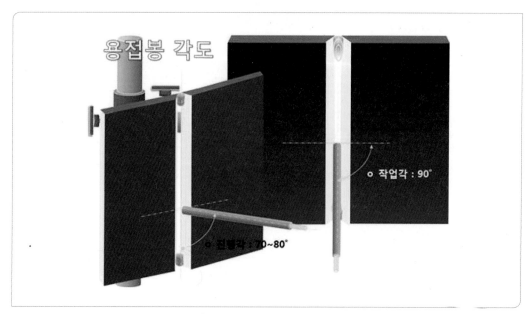

:그림 6-61: 수직자세 용접봉 운봉각도

⑤ 아랫부분 가용접 부분의 아래쪽에서 대기한 상태에서 긁기법으로 아크를 발생한 후 가용접 안쪽에서 아크길이 3mm를 유지하고 좌우로 살짝 위빙을 하여 좌우 모재의 용융지가 연결되도록 한 후 용접봉을 개선면 사이에 최대한 안쪽으로 밀어 넣도록 한다. 이 때, 운봉속도가 적정하지 못할 경우 용융지가 흘러 내려 용접부 하단에 고드름이 열리는 것처럼 용락이 발생할 수 있다.

⑥ 피복제가 닿을 정도로 짧은 아크길이로 루트면 사이에서 운봉하고 폭 양끝에서 머물러 키홀을 형성하며 진행한다. 첫 번째 용접봉을 사용하여 1차 이면비드를 모재 중간 지점에서 끊어 주도록 한다.

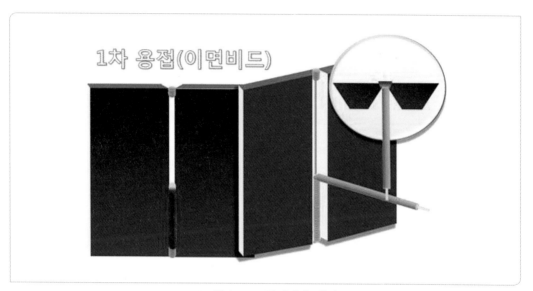

∶그림 6-62∶ 1차 이면비드용접

⑦ 아래 그림과 같이 용접봉을 개선홈 안쪽으로 최대한 깊숙이 집어 넣고 운봉을 한다.

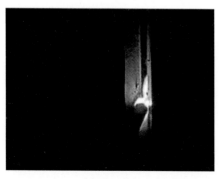

(a) 아크길이

(b) 첫 번째 용접봉 완료

∶그림 6-63∶ t6 1차 이면비드용접

⑧ 첫 번째 용접봉의 비드 끝단 지점으로부터 두 번째 용접봉은 약 10mm 이전 구간에서 용융지를 형성
하여 용접을 진행하도록 한다. 그러면 이면비드의 비용입구간을 최소화 시킬 수 있고 연결부위에 결
함 등을 방지할 수 있다.

(a) 두 번째 용접봉 시작점

(b) 용접완료

:그림 6-64: t6 1차 이면비드 용접 두 번째 용접봉

(a) 용접부 표면

(b) 용접부 이면

:그림 6-65: t9 1차 이면비드 용접 완료

2

수직 자세 2차 용접하기

① 1차 이면비드 용접을 완료한 후에 전류를 120A로 설정한다.

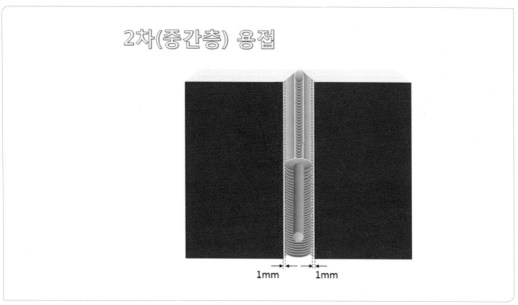

:그림 6-66: 2차(중간층 비드) 용접

② t6의 경우 2차 표면용접을 실시하고, t9의 경우 2차 중간층 용접 역시 용접봉 2개를 사용하도록 한다. 첫 번째 용접봉을 중간 지점에서 끊어주고 두 번째 용접봉을 이어가는 연습을 반복한다. t9모재의 경우 중간층은 표면으로부터 1mm 낮게 채우도록 한다.

(a) 첫 번째 용접봉

(b) 두 번째 용접봉

:그림 6-67: t6 2차 표면 용접 완료

③ 용접이 완료된 후 비드 표면과 이면을 깨끗이 청소해 준다.

(a) 용접부 표면

(b) 용접 완료

:그림 6-68: t6 2차 표면 용접 완료

④ 아래 그림은 t9 2차 중간층 용접 중 좌에서 우로 위빙을 하는 간격을 나타내고 있다. 지그재그 형태로
운봉하며 양끝에서 머물러 주도록 한다.

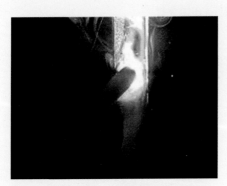

(a) 위빙폭_좌

(b) 위빙폭_우

:그림 6-69: t9 2차 중간층 비드 위빙폭

(a) 첫 번째 용접봉

(b) 두 번째 용접봉

：그림 6-70： t9 2차 중간층 비드 완료

(a) 용접부 표면

(b) 중간층 비드 용착량 확인

：그림 6-71： t9 2차 중간층 비드 완료

3 :: 수직 자세 3차 용접하기

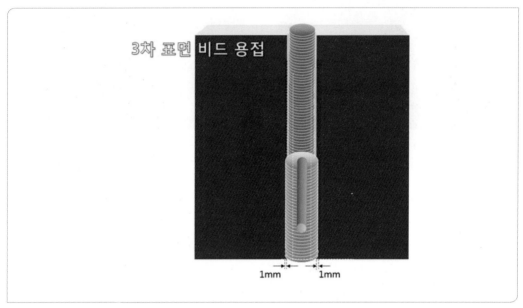

:그림 6-72: t9 3차 표면비드용접 방법

① 아래 그림과 같이 좌·우로 모재 표면의 개선 홈 모서리면에 용접봉이 넘어가지 않도록 위빙폭을 조절하면서 지그재그 형태로 양끝에서 머물러 주면서 위빙을 한다.

(a) 위빙폭_좌

(b) 위빙폭_우

:그림 6-73: t9 3차 표면비드 용접 위빙폭

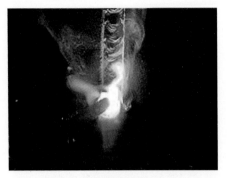

(a) 위빙폭_좌

(b) 위빙폭_우

∶그림 6-74∶ t9 3차 표면비드 용접 위빙방법

(a) 첫 번째 용접봉

(b) 두 번째 용접봉

∶그림 6-75∶ t9 3차 표면비드 용접

② 용접이 완료된 후 아래 그림과 같이 용접부 표면과 종점부 크레이터 처리를 확인한다.

(a) 용접부 표면

(b) 크레이터 처리 확인

:그림 6-76: t9 용접 완료

Part 2

제 1절 **가스절단**

제 2절 **필릿용접하기**

가스절단 및 필릿용접

제1절
가스절단

1 가스절단하기

1 가스절단 준비하기

가스절단에 필요한 장치의 구성은 아래그림 (a)와 같이 산소+아세틸렌가스를 이용하는 방식과 (b)와 같이 산소+LPG가스를 이용하는 방식이 있다.

(a) 산소+아세틸렌 가스절단

(b) 산소+LPG 가스절단

:그림 7-1: 가연성 가스에 따른 가스절단 장치의 구성

역화 방지기는 가스 절단 도중 팁의 화구가 막히거나 과열되면 불꽃이 화구에서 아세틸렌 호스로 역행하는 것을 방지하는 장치이다. 화염이 역화하면 폭발을 일으키기 때문에 역화 방지기로 고온 가스가 역류하게 되면 서모 스타트가 밸브를 닫고 가스를 차단하는 원리이다. 역화 방지기는 중대한 재해를 막기 위해 반드시 필수적으로 설치해야 하는 장치이다.

① 역화 방지기의 설치 상태를 점검한다.

(a) 아세틸렌 가스 역화 방지기 　　　　　　　　　(b) LPG 역화 방지기

:그림 7-2: 역화 방지기 설치 점검

② 가스절단 전 용기 밸브를 개폐한 후 주방세제 거품을 이용하여 가스 용기의 누설 유무를 점검한다.

(a) 산소 누설 점검 　　　　　　　　　(b) 아세틸렌가스 누설 점검

:그림 7-3: 가스 누설 점검

③ 가스절단 토치의 구성을 파악하고 토치 조작관련 밸브를 점검한다.

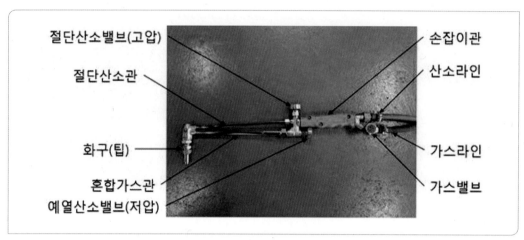

절단산소밸브(고압)
절단산소관
화구(팁)
혼합가스관
예열산소밸브(저압)
손잡이관
산소라인
가스라인
가스밸브

:그림 7-4: 가스절단 토치 점검

토치에 점화할 때에는 일반 라이터나 종이에 불을 붙여 사용하지 말고 토치 점화용 라이터를 사용해야 안전하다.

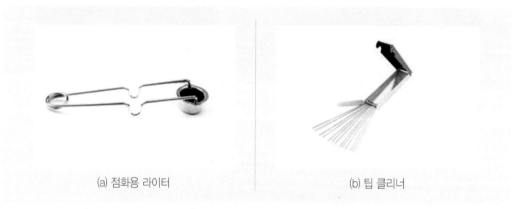

(a) 점화용 라이터   (b) 팁 클리너

:그림 7-5: 점화용 라이터 및 팁클리너 준비

보호안경은 가스 절단 중 유해한 적외선과 자외선 또는 스패터, 불티 등이 눈에 들어가는 것을 방지하기 위해 사용한다. 피복아크용접과 비교했을 때 가스절단에서 나오는 적외선과 자외선은 상대적으로 강하지 않지만 장시간 절단을 할 경우 눈에 피로가 올 수 있고 전안염이 발생할 수 있으므로 반드시 착용하도록 한다. 눈만 가려주는 보안경과 얼굴 전체를 가려주는 형태의 보호면이 있다. 안전을 위해서는 보호안경보다는 얼굴 전체를 가려주는 보호면을 착용하도록 한다.

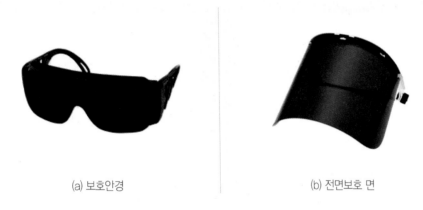

(a) 보호안경   (b) 전면보호 면

:그림 7-6: 절단 보호구 준비

2 절단 팁 점검하기

가스절단에 필요한 장치의 구성은 아래 그림과 같이 (a) 아세틸렌가스 전용 팁이고 (b)는 LPG가스 전용 팁을 나타내고 있다. 각각의 가연성 가스에 따른 팁을 선택하도록 한다.

(a) 아세틸렌 팁

(b) LPG 팁

∶그림 7-7∶ 가연성 가스에 따른 팁의 분류

(a) 절단팁 청소

(b) 절단팁 분해

∶그림 7-8∶ 절단팁 점검 방법

① 산소 용기의 1차 압력게이지를 통해 잔존량을 확인한 후 2차 압력을 0.5MPa로 조절한다. 아세틸렌
또는 LPG 역시 잔존량을 확인 후 2차 압력을 0.05MPa로 조절한다.

(a) 산소 2차 압력(0.5MPa)　　　　　(b) 아세틸렌 가스 2차 압력(0.05MPa)

：그림 7-9： **2차 압력 조정**

4 ⦂⦂⦂ 가스 절단하기

① 총 250mm 중 절반인 125mm 구간에 석필 등을 이용하여 마킹을 한다.

② 절단 가이드를 모재 위에 올려놓는다.

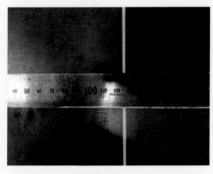 

(a) 아세틸렌 팁   (b) LPG 팁

:그림 7-10: 절단부 마킹

③ 시험편 위에 절단토치를 시작점부터 끝나는 지점까지 마킹라인이 일치하는지 재차 확인한다.

(a) 아세틸렌 팁   (b) LPG 팁

:그림 7-11: 마킹라인 재확인

④ 가연성가스(아세틸렌 또는 LPG) 밸브를 소량(반 바퀴 정도) 개폐한다. 소량 개폐 후 점화용 라이터를 이용하여 점화를 한다. 점화 후 가연성 가스의 양을 일정량 좀더 개폐해준다.

(a) 가연성 가스 밸브 개폐

(b) 점화 후 가연성 가스량 조절

:그림 7-12: 가연성 가스 개폐 및 점화

⑤ 조연성가스(산소)를 개폐하여 백심불꽃을 최대한으로 당기도록(짧게) 불꽃을 조절한다. 산소밸브와 가연성 가스밸브를 미세조정하여 [그림 7-13] (b)와 같은 형태의 중성 불꽃을 만든다. 이때, 불꽃이 집중이 잘되지 않고 '탁탁'소리가 나는 경우가 있다. 이 경우 대부분이 팁의 청소상태가 불량한 경우가 많다. [그림 7-8]과 같이 팁 클리너를 이용하거나 분해하여 팁을 청소해 주도록 한다.

(a) 산소 개폐

(b) 백심불꽃양 조절

:그림 7-13: 중성불꽃 조절

⑥ 모재의 절단위치에 대해 예열을 한다. 모재내부에 스며들었던 수분이 제거되는 것을 육안으로도 확인할 수가 있다. 절단부 전체를 1~2회 충분히 예열을 한다. 모재와 토치간의 거리는 약 5~10mm를 유지하도록 한다. 토치의 팁은 절단 지그에 기댄 상태로 모재에 닿지 않도록 주의한다. 만약 절단 팁과 모재가 닿게 되거나 팁의 과열, 또는 사용가스의 압력이 부적당할 때 팁속에서 '펑'소리가 나며 폭발음이 발생한다. 이때 팁의 화구가 막혀 절단 불꽃이 꺼지거나 심한 경우 절단 불꽃이 역류하여 가연성가스(아세틸렌, LPG)의 호스로 불꽃이 흘러 들어갈 수도 있다. 역화가 발생하게 되면 제일 먼저 산소밸브를 잠그고 아세틸렌 밸브를 잠그도록 한다. 팁이 과열되었을 경우 물로 식혀주고 기능을 재점검하도록 한다.

(a) 절단부 예열 1　　　　　　　　　　　　　　　(b) 절단부 예열 2

:그림 7-14: 절단부 예열

⑦ 절단위치의 가장 상단부에 토치와 모재의 간격을 5mm 이하로 유지하여 약 10초 이상 가열을 하게 되면 빨갛게 달아 오르고 미세한 불꽃이 튀어 오르게 된다. 이 순간 고압밸브를 1바퀴 정도 개폐하여 절단을 진행하도록 한다.

(a) 시작점 가열   (b) 고압밸브 개폐

:그림 7-15: 절단 시작부 가열 및 고압밸브 사용

⑧ 절단지그에 절단팁을 기댄 상태로 모재와의 간격을 약 5mm 이하로 유지하여 토치와 모재의 각도를 직각이 되도록 절단을 진행한다. 이때 가열된 용융물이 고압에 의해서 밀려나가는지 육안으로 확인하면서 절단을 진행하도록 한다. 또한 모재 뒷면에 절단된 불꽃이 비산하는 것을 육안으로 확인하면서 진행을 하도록 한다.

(a) 절단 진행중 1   (b) 절단 진행중 2

:그림 7-16: 가스절단 진행

⑨ 절단 중 토치의 진행속도가 너무 빠르거나 너무 느릴 경우, 토치와 모재와의 간격이 맞지 않거나 토치의 각도가 맞지 않을 때 [그림 7-17]과 같이 절단이 되지 않거나 절단면이 거칠어지거나 불규칙해질 수 있다.

(a) 절단속도가 너무 빠를 때　　　　　　(b) 절단속도가 너무 느릴 때

:그림 7-17: 부적절한 가스절단의 예

2 절단면 검사하기

1 절단면 검사하기

가스절단 완료 후 절단면과 슬래그 부분은 채점 대상이므로 제거하지 않도록 하며 절단면의 상태를 검사하도록 한다. 양호한 절단면과 불량한 절단면의 차이를 비교하고 양호한 면이 나오도록 반복적으로 연습을 한다.

(a) 양호한 절단면 1

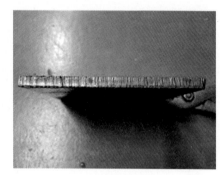
(b) 양호한 절단면 2

：그림 7-18：양호한 절단면

(a) 불량한 절단면 1

(b) 불량한 절단면 2

：그림 7-19：불량한 절단면

제2절

필릿용접

1 ∴ 도면 파악하기

① 가스절단이 끝난 후 모재는 t9×125w×150L 2매가 된다. 용접선에서 양쪽의 12.5mm를 제외한 가운데 125mm 구간에 대해 필릿용접을 실시한다. 국가 자격 시험에서 필릿 용접의 경우 아래보기(F), 수평(H), 수직(V) 3가지 자세 중 한 가지가 출제된다. 실기시험에 출제된 자세 기호를 파악한 후에 알맞은 자세로 용접을 진행한다.

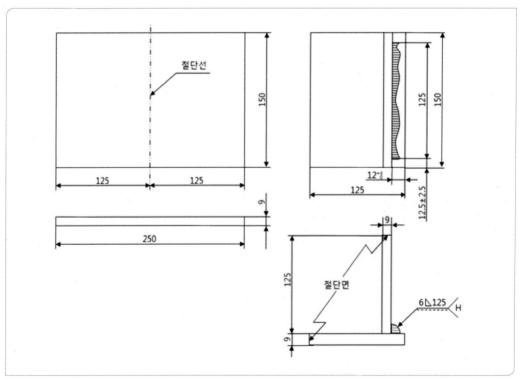

:그림 8-1: 필릿용접 과제(실기시험 도면)

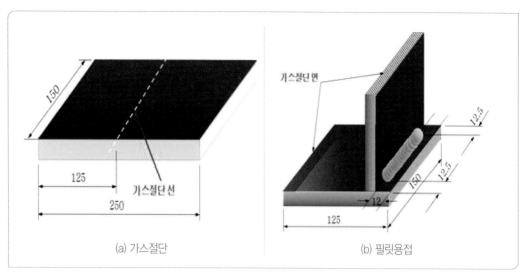

:그림 8-2: 필릿용접 과제(3D 도면)

아래 그림은 필릿용접에서 각부 명칭을 나타내고 있다. 기능사 자격시험에서 필릿용접에 출제되는 모재의 판두께는 t9이며, 다리길이(각장)은 4.8~9mm까지 허용된다.

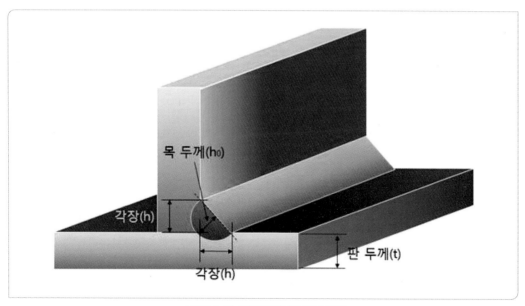

:그림 8-3: 필릿용접부의 각부 명칭

2 가용접 작업

1 ⋮ 모재고정 및 용접선 표시하기

① 치수선을 표시할 때는 석필을 사용하면 편리하다. 석필의 폭이 12mm이므로 모재 밑판 12mm의 간격을 맞추도록 한 후 자석을 이용하여 모재를 정확히 고정한다.

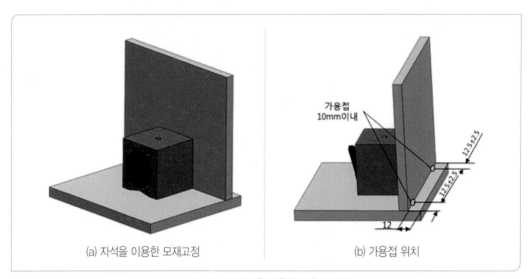

(a) 자석을 이용한 모재고정   (b) 가용접 위치

:그림 8-4: 자석을 이용한 가용접 방법

(a) 석필 치수 확인   (b) 자석을 이용한 모재 고정

:그림 8-5: 필릿용접을 위한 가용접 방법

② 필릿용접의 시작부와 종점부에 12.5mm를 제외한 125mm를 용접하므로 석필을 기준으로 시작부와 끝부 12.5mm의 기준선을 체크할 수 있다.

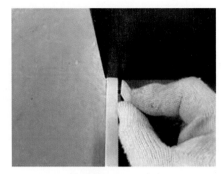 

(a) 좌측 12.5mm 마킹   (b) 우측 12.5mm 마킹

:그림 8-6: 필릿용접의 양쪽 12.5mm 마킹

③ 석필을 이용하여 다리길이(각장)의 기준선을 체크한다.

(a) 다리길이 마킹 1   (b) 다리길이 마킹 2

:그림 8-7: 다리길이의 마킹

④ 가용접은 시험편 양쪽 가장자리로부터 12.5±2.5mm까지를 제외한 용접선에 10mm 이내 길이로 한
다. 이때 가용접의 전류는 120~130A 정도로 설정한다. 가용접부에서 낮은 전류를 사용하면 용입이
적고 가용접 비드가 표면으로 높게 형성될 수 있다. 또한 아래 그림과 같이 용접 시작점과 끝나는 지
점에 대해 가용접을 한다. 그래야 시작과 끝나는 지점에 대해 좌우측으로부터 12.5mm를 띄우기가
훨씬 수월해진다.

(a) 가용접 좌측

(b) 가용접 우측

:그림 8-8: 가용접 위치

⑤ 가용접을 완료한 뒤 슬래그해머 등을 이용하여 스패터를 제거하고 와이어 브러쉬를 이용하여 용접할
부위를 깨끗이 청소해준다.

(a) 측면

(b) 정면

:그림 8-9: 가용접 완료

3

자세별 필릿용접하기

1 아래보기 자세 필릿 용접 하기

① 아래보기 자세는 모재가 바닥으로부터 45° 경사지게 지그로 고정한다.

② 필릿용접의 전류를 설정한다. 필릿용접의 경우 용접 전류는 130A로 설정한다.

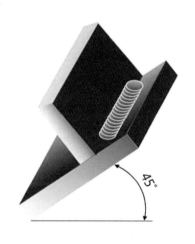

(a) 지그 고정 각도

(b) 전류 설정_130A

:그림 8-10: 필릿용접 아래보기 자세 고정 및 전류설정

③ 아래 그림과 같이 필릿용접의 아래보기 자세에서 용접봉의 작업 각도는 진행각이 85~90°, 작업각이 45°로 유지하여 용접을 진행한다.

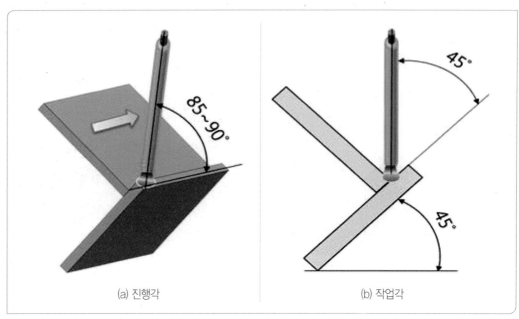

:그림 8-11: 아래보기 자세의 운봉 각도

④ 가급적 모재는 최대한 낮게 고정하여 용융지가 잘 보이도록 하며 위빙을 함에 있어 편안한 자세로 용접을 진행한다. 용접은 다리길이를 고려하여 범위 내에서 약 2~3mm 위빙하여 용접한다. 용접 시작점에서는 왼손을 모재에 살짝 기대어 아크발생 시 손의 떨림을 최소화한다.

(a) 모재고정 (b) 용접자세

:그림 8-12: 필릿용접 아래보기 모재고정 및 용접 지세

⑤ 아래보기 자세에서 위빙폭은 아래 그림과 같다. 용접봉 1개만큼 좌에서 우로 양끝에서 머물러 주면서 지그재그 위빙을 하도록 한다.

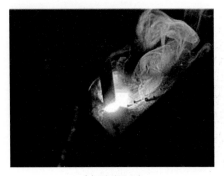

(a) 위빙폭_좌

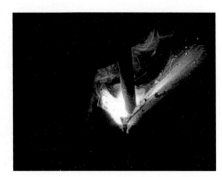

(b) 위빙폭_우

:그림 8-13: 아래보기 위빙폭

⑥ 다리길이(각장)는 4.8~9mm이다. 시험 평가기준에 합격을 위해서는 다리길이를 7~8mm가 되도록 운봉속도를 맞추도록 한다. 첫 번째 용접봉으로 용접부 중간 지점까지 용접 후 두 번째 용접봉을 사용하여 필릿용접을 완성하게 된다.

(a) 첫 번째 용접봉

(b) 두 번째 용접봉

:그림 8-14: 아래보기 용접완료

⑦ 용접이 완료되면 스패터를 제거하고 비드표면을 깨끗이 청소한다.

(a) 용접부 청소

(b) 용접부 표면

：그림 8-15： 아래보기 용접완료

2 :<: 수평 자세 필릿용접하기

① 아래 그림과 같이 가용접된 모재를 용접지그에 수평 자세로 고정한다. 자세와 상관없이 모든 필릿 용접의 전류는 130A로 설정한다.

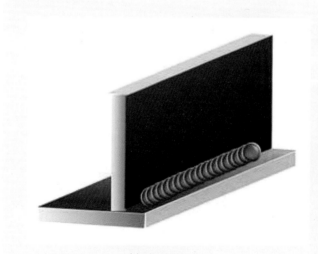

(a) 지그 고정 각도

(b) 전류 설정_130A

：그림 8-16： 필릿용접 수평자세 고정 및 전류 설정

② 용접 진행각은 85~90°를 유지하며 작업각은 용융지의 흘러내림을 감안하여 35~45°를 유지하도록 한다.

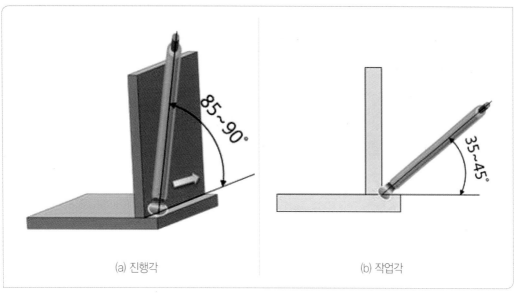

(a) 진행각   (b) 작업각

:그림 8-17: 수평 자세의 운봉 각도

③ 아래 사진과 같이 용접 시작점에서는 아크거리를 유지함에 있어 미세한 조정이 필요하다. 가급적 왼손을 클램프 또는 모재에 살짝 기댄 상태로 아크발생을 하고 아크발생 후에 3mm의 아크길이를 유지한 상태에서 약 2~3mm 위빙하여 용접을 진행하도록 한다.

(a) 준비자세   (b) 진행각 및 작업각

:그림 8-18: 수평 자세의 준비 및 운봉각

④ 수평자세에서 위빙폭은 아래 그림과 같다. 좌에서 우로 양끝에서 머물러 주면서 지그재그 위빙을 한다.

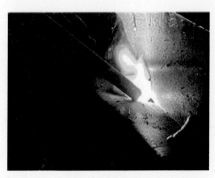
(a) 위빙폭_좌

(b) 위빙폭_우

:그림 8-19: 수평 위빙폭

⑤ 첫 번째 용접봉 사용 후 두 번째 용접봉으로 필릿용접을 마무리 하도록 한다.

(a) 첫 번째 용접봉

(b) 두 번째 용접봉

:그림 8-20: 수평 필릿용접 완료

⑥ 용접 완료 후 비드표면의 스패터를 제거하고 청소를 한다.

(a) 정면

(b) 측면

:그림 8-21: 수평 필릿용접 완료

3 ⦂ **수직 자세 필릿용접하기**

① 아래 그림과 같이 가용접된 모재를 용접지그에 수직으로 고정한다. 전류는 130A로 설정한다.

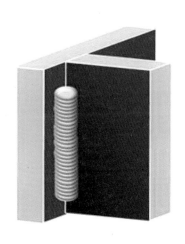
(a) 모재고정

(b) 전류 설정_130A

:그림 8-22: 필릿용접 수직자세 고정 및 전류 설정

② 필릿용접의 수직 자세에서 용접봉의 각도는 진행각이 85~90°이며, 작업각이 45°이다.

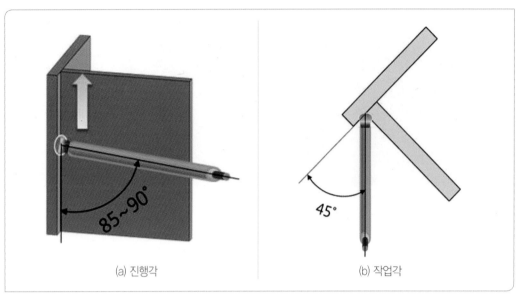

(a) 진행각   (b) 작업각

:그림 8-23: 필릿용접 수직자세의 운봉 각도

③ 필릿용접의 수직 자세에서도 마찬가지로 모재는 가슴 높이의 위치에 고정을 하고 왼손을 클램프 또는 모재에 살짝 기댄 상태로 범위 내에서 약 2~3mm 간격으로 위빙을 하고 양끝에서 약 1초간 머물러 주며 용접을 진행한다.

(a) 준비자세   (b) 진행각 및 작업각

:그림 8-24: 수직 필릿용접 준비 및 운봉각도

④ 수직자세에서도 마찬가지로 용접봉 1개만큼 좌에서 우로 지그재그 형태로 위빙하며 양끝에서 머물러 주며 운봉을 한다.

(a) 위빙폭_좌   (b) 위빙폭_우

:그림 8-25: 수직자세 위빙 폭

⑤ 용접봉 한 개를 사용하여 중간 지점에서 끊고 두 번째 용접봉으로 용접을 진행한다.

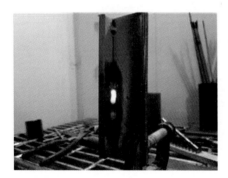 

(a) 첫 번째 용접봉   (b) 두 번째 용접봉

:그림 8-26: 수직 필릿용접 완료

⑥ 용접이 끝나면 용접비드를 와이어 브러쉬를 이용하여 깨끗이 닦는다.

(a) 용접부 표면   (b) 크레이터 처리

:그림 8-27: 수직 필릿용접 완료

Part 3

제 1절 **용접부 검사**

용접부
검사

제1절

용접부 검사

1 맞대기용접부 검사

1 육안검사

① 표면 비드 폭(10~14mm)과 파형이 일정한가 ?

 – 비드폭이 기준 이상은 형성되는 것은 용접속도가 느려 용착량이 많아 발생한다.

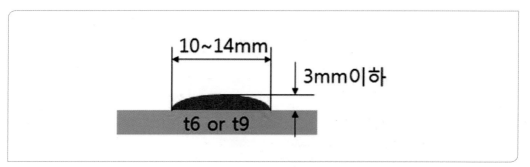

:그림 9-1: 피복아크용접 맞대기 용접 시험편의 표면 비드 폭과 높이의 기준

(a) 표면 비드 폭 측정

(b) 표면 비드 폭(약 14mm)

:그림 9-2: 용접 시험편 비드폭 측정

② 표면비드 높이(판 두께의 20% 정도, 3mm 이하)가 일정한가?

    – 표면비드의 높이는 용접속도가 느린 경우 또는 용접전류가 낮은 경우 발생한다.

(a) 표면비드 높이 측정 1 (b) 표면비드 높이(약 3mm)

:그림 9-3: 표면비드 높이 측정

③ 이면비드 폭, 높이가 일정한가 ?

(a) 이면비드 높이 측정 1 (b) 표면비드 높이(약 1mm)

:그림 9-4: 이면비드 높이 측정

2 굽힘시험

시험감독의 육안검사가 끝나면 육안검사의 합격자는 모재 표면과 이면을 가공한다. 시험장소에 따라 수험자 또는 관리원이 가공하는 곳도 있다. 가공된 모재는 굽힘시험을 하는데 이때 시험을 하는 방법은 다음과 같다.

① 모재의 표면과 이면을 그라인더를 이용하여 가공한다. 이때 용접비드의 길이 방향으로 가공한다.

(a) 올바른 가공 방법

(b) 잘못된 가공 방법

:그림 9-5: 용접비드 제거

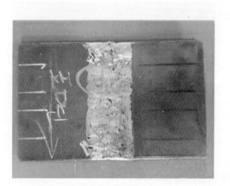
(a) 가공부 표면

(b) 가공부 이면

:그림 9-6: 용접비드 제거 완료

② 그라인더 작업 완료 후 동력전단기(샤링기), 가스절단 또는 플라즈마 가공법 등을 이용하여 표면과 이면 시험편을 절단한다.

(a) 그라인더 작업 후 시험편 절단

(b) 표면 및 이면 굽힘시험

:그림 9-7: 시험편 절단 및 굽힘 시험

③ 시험편 2개를 굽힘시험기에 올려놓고 한쪽은 표면, 한쪽은 이면방향으로 놓는다.

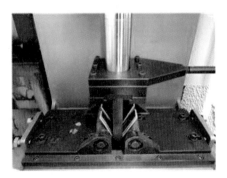

(a) 굽힘 시험 진행중

(b) 굽힘부 검사

:그림 9-8: 굽힘시험 후 검사

④ 굽힘시험 후 표면검사를 실시한다. 굽힘부위에서 기공, 크랙 등의 결함이 발생할 수 있으므로 정확히 관찰한다. 결함이 발생된다면 해당되는 결함의 종류별 크기만큼 감점사항이 될 수 있다. 시험편이 1개만 부러질 경우 외관 점수 등을 포함하여 다른 과제 등과 점수를 합산하여 합격여부가 달라질 수 있으며 만약 2개 다 부러질 경우 실격사유에 해당된다.

(a) 결함 측정 1

(b) 결함 측정 2

:그림 9-9: 결함측정

2 필릿용접부 검사

1 :•: 육안검사

① 다리길이(각장)은 평가기준에 부합하는가 ?

　－ 각장은 양방향 모두 4.8~9mm가 평가 기준이다.

　－ 각장의 폭은 전체적으로 균일해야 한다.

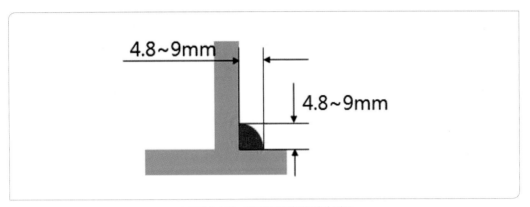

:그림 9-10: 다리길이(각장) 평가 기준

(a) 각장측정 1

(b) 각장측정 2

:그림 9-11: 각장측정

② 용접 후 모재 끝단 간격과 비드 좌우측 간격은 평가기준에 부합 하는가 ?
　　– 모재간의 간격 평가 기준은 12~16mm이다.
　　– 용접부 좌우측에 비용접 구간 길이의 평가기준은 10~15mm이다.

(a) 모재 간격 측정 (12mm 기준)　　　　　(b) 좌 · 우측 간격 측정(12.5mm 기준)

:그림 9-12: 모재간격 및 좌우측 비용접 구간 측정

③ 용접부 비드 외관은 적절한가 ?
　　– 슬래그 해머 및 와이어 브러쉬를 이용하여 용접부 표면을 깨끗이 한다.

:그림 9-13: 용접부 외관 검사

2 ⠿ 파단시험

육안검사가 끝나면 합격한 작품에 대해서만 파단시험을 실시하게 된다.

(a) 파단 시험

(b) 파단 완료

:그림 9-14: 파단시험

파단시험 후 파단면을 관찰한다. 모재 양측에 용착금속이 균일하게 붙어있어야 한다.

:그림 9-15: 파단면 용착 정도 검사

자격종목	용접기능사	과제명	도면참조

※ 문제지는 시험종료 후 본인이 가져갈 수 있습니다

비번호		시험일시		시험장명	

※ 시험시간 : 2시간 / 작업내용 : 도면에 의한 피복아크 용접 및 가스절단

1. 요구사항

※ 지급된 재료와 별첨 도면에서 지시한 내용대로 과제명과 같이 용접하여야 합니다.

※ 수험자가 작품을 제출한 후 채점을 위한 그라인더 가공은 시험위원의 지시를 받아 관리원이 하도록 합니다.

가. 용접 자세

1) 아래보기자세는 모재를 수평으로 고정하고 아래보기로 용접을 하여야 합니다.

2) 수평자세는 모재를 수평면과 90°되게 고정하고 수평으로 용접을 하여야 합니다.

3) 수직자세는 모재를 수평면과 90°되게 고정하고 수직으로 용접을 하여야 합니다.

4) 위보기자세는 모재를 위보기 수평(0°) 되게 고정하고 위보기로 용접을 하여야 합니다.

나. 용접 작업

1) 작품을 제출한 후에는 재작업을 할 수 없으므로 유의해서 작업합니다.

2) 모든 용접에서 엔드탭(end tap) 사용을 금하고, 피복아크 용접의 경우 도면상 150mm 모두 실시하여야 합니다.

3) 용접전류·전압 등 용접작업에 필요한 모든 조정사항은 수험자가 직접 결정하여 작업합니다.

4) 시험장에 설치된 가스 절단 장치를 이용하여 절단작업을 한 후 필릿 용접작업을 수행합니다.

다. 가스 절단

1) 가스 절단 장치 또는 가스 집중 장치의 가스 누설여부를 확인합니다.

2) 각각의 압력조정기의 핸들을 조정하여 가스절단 작업의 사용 가능한 적정한 압력을 조절합니다.

3) 점화 후 가스 불꽃을 조정하여 도면에 지시한 내용대로 절단 작업을 수행한 후 소화합니다.

4) 각각의 호스 내부의 잔류가스를 배출시킨 후 절단 작업 전의 상태로 정리 정돈합니다.

5) 가스 절단 작업 후 절단면 외관을 채점하므로 줄이나 그라인더 가공을 금합니다.

6) 가스절단은 15분 이내에 하여야 합니다.

라. 필릿 용접

1) 필릿 용접에서 용접선은 도면의 자세대로 용접할 수 있도록 모재를 고정한 후 용접합니다.

2) 가용접은 도면의 시험편 양쪽 가장자리로부터 12.5 ±2.5 mm 까지(용접을 하지 않는 부분)를 제외한 용접선에 해야 하며, 가접 길이는 10 mm 이내로 하여야 합니다.

3) 필릿 용접에서 비드 폭과 높이가 각각 요구된 다리길이(각장)의 -20% ~ 50% 범위에서 용접하여야 합니다.

2. 수험자 유의사항

1) 수험자 인적사항 및 답안작성은 반드시 검은색 필기구만 사용해야 하며, 그 외 연필류, 유색 필기구 등을 사용한 답안은 채점하지 않으며 0점 처리됩니다.

2) 수험자가 지참한 공구와 지정한 시설만 사용하고 안전수칙을 지켜야 합니다.

3) 용접을 시작하기 전에 V홈 가공을 위한 줄 가공이나 그라인더 가공은 허용합니다.

4) 용접외관 채점 후 굴곡시험(필릿은 파면검사)을 하므로 용접 후 용접부에 줄이나 그라인더 등의 가공을 금합니다.

5) 복장상태, 작업 시 안전보호구 착용여부 및 사용법, 재료 및 공구 등의 정리정돈과 안전수칙 준수 등도 시험 중에 채점하므로 철저히 해야 합니다.

6) 다음 사항은 실격에 해당하여 채점 대상에서 제외됩니다.

가. 기권

1) 수험자 본인이 수험 도중 시험에 대한 포기 의사를 표 하는 경우

2) 실기시험 과정 중 1개 과정이라도 불참한 경우

나. 실격

1) 전(全)감독위원이 안전을 고려하여 더 이상 가스 절단 작업을 수행할 수 없다고 인정하는 경우의 작품

2) 전(全)감독위원이 용접의 상태(시험편의 용락, 언더컷, 오버랩, 비드상태 등 구조상의 결함, 용접방법 등)가 채점기준에서 제시한 항목 이외의 사항과 관련하여 용접 작품으로 인정할 수 없다는 작품

다. 미완성

1) 1개소라도 미 용접, 미 절단된 작품 또는 시험시간을 초과한 작품

라. 오작

1) 이면 받침판을 사용했거나 이면 비드에 보강 용접을 한 작품

2) 외관검사를 하기 전 비드 표면에 줄이나 그라인더 등의 가공을 한 작품

3) 용접완료 후 시험편 및 비드에 해머링을 한 작품 및 지급된 용접봉을 사용하지 않은 작품

4) 요구사항을 지키지 않은 작품 및 필릿 용접에서 도면에 지시된 용접 구간 내에 용접하지 않은 작품

5) 도면에 표기된 상태로 가용접을 하지 않는 경우의 작품

6) 절단 작업 후 절단면에 줄이나 그라인더 등 가공을 한 작품

7) 가스 절단된 모재의 길이가 125±5mm 벗어나는 작품

8) 필릿 용접부에서 비드 폭과 높이가 각각 요구된 다리길이(각장)의 4.8mm ~ 9mm를 벗어나는 작품

9) 필릿 용접 파단 시험 후, 두 모재의 용입이 용접 길이의 50%가 되지 않는 작품

10) 굴곡시험에서 시험편의 개수의 50%(총 4개 중 2개)이상이 0점인 작품

11) 용접 시 비드 내에서 전진법이나 후진법을 혼용하거나, 상진법이나 하진법을 혼용한 작품(용접 시점과 종점은 모두 동일해야 함)

12) 도면에 제시된 모재와 규정된 각도를 10° 이상 초과해서 용접 작업할 경우

13) 맞대기 용접부의 비드 높이가 용접시점 10mm, 종점 10mm을 제외한 모재 두께보다 낮은(0mm 미만)작품

14) 용접부의 비드 높이가 5mm를 초과한 작품

15) 가스절단의 작업시간이 15분을 초과한 경우

16) 맞대기용접의 시험편 이면비드(시점, 이음부, 종점 포함)의 불완전 용융부가 용접부 길이의 30mm를 초과한 작품

17) 시험편 가공 외에 그라인더(전동용 브러쉬 포함)를 사용한 작품

18) 용접 시 시험편을 고정하지 않고, 방향을 바꾸면서 용접한 작품

공단에서 지정한 각인을 각 부품별로 반드시 날인 받아야 하며, 각인이 날인되지 않은 과제를 제출할 경우에는 채점하지 아니하고, 불합격처리합니다.

3. 지급재료목록

| 일련번호 | 재료명 | 자격종목 | | | 용접기능사 |
		규격	단위	수량	비고
1	연강판	t6 100×150	개	2	1인당, 2장 각각 150면 개선가공
2	연강판	t9 125×150	개	2	1인당, 2장 각각 150면 개선가공
3	연강판	t9 150×250	개	1	1인당, 가공 없음
4	피복아크 용접봉	Ø3.2, Ø4			공용, 저수소계

※기타 지급재료는 공용으로 사용하시길 바랍니다.

※ 상기 목록은 실기시험문제의 형별 및 시험장 시설에 따라 변경될 수 있습니다.

※ 자세한 사항은 "www.q-net.or.kr"의 "고객지원 - 자료실 - 공개문제" 에서 확인하시기 바랍니다.

4. 도면

자격종목	용접기능사	과제명	시험편 피복아크용접, 가스절단 및 T형 필릿용접	척도	N.S

가) 시험편 피복아크용접

표면굴곡	시험편
이면굴곡	시험편

38±2
10이하
38±2
150
125
125
250 +4/0

70°이하
5이하
F
9

나) 시험편 피복아크용접

표면굴곡	시험편
이면굴곡	시험편

38±2
10이하
38±2
150
100
100
200 +5/0

70°이하
4이하
H
6

다) 가스 절단

절단선

150
125
125
250
9

라) T형 필릿 피복아크용접

125
150
125
12 +4/0
12.5±2.5

9
절단면
125
9
6 ◺ 125
V

기발한 용접기능사 실기문제

발 행 일   2022년 6월 1일 개정5판 1쇄 인쇄
2022년 6월 10일 개정5판 1쇄 발행

저 자   김명선·김민태·김영문·이한섭 공저

발 행 처    크라운출판사
http://www.crownbook.com

발 행 인   이상원
신고번호   제 300-2007-143호
주 소   서울시 종로구 율곡로13길 21
공 급 처   (02) 765-4787, 1566-5937, (080) 850~5937
전 화   (02) 745-0311~3
팩 스   (02) 743-2688, (02) 741-3231
홈페이지   www.crownbook.co.kr
I S B N   978-89-406-4597-0 / 13550

특별판매정가 22,000원